中国100强 CHINA 名师名作 041

从一流到卓越

道德成就事业，素质决定未来

苏自立 著

中国财富出版社

图书在版编目（CIP）数据

从一流到卓越：道德成就事业，素质决定未来／苏自立著．—北京：中国财富出版社，2014.7

（中国100强名师名作）

ISBN 978－7－5047－5205－5

Ⅰ.①从…　Ⅱ.①苏…　Ⅲ.①职业道德—通俗读物　Ⅳ.①B822.9－49

中国版本图书馆CIP数据核字（2014）第092757号

策划编辑　姜莉君　　责任印制　方朋远

责任编辑　苏佳斌　姜莉君　　责任校对　杨小静

出版发行　中国财富出版社

社　　址　北京市丰台区南四环西路188号5区20楼　　邮政编码　100070

电　　话　010－52227568（发行部）　010－52227588转307（总编室）

010－68589540（读者服务部）　010－52227588转305（质检部）

网　　址　http://www.cfpress.com.cn

经　　销　新华书店

印　　刷　北京京都六环印刷厂

书　　号　ISBN 978－7－5047－5205－5/B・0392

开　　本　710mm×1000mm　1/16　　版　　次　2014年7月第1版

印　　张　14.25　　印　　次　2014年7月第1次印刷

字　　数　172千字　　定　　价　35.00元

编委会

主办单位 北京联大文化发展有限公司　北京盛世卓杰文化传媒有限公司

主办官网 http://www.sscbw.com

出版支持 中国财富出版社

渠道支持 当当网　亚马逊 amazon.cn　京东商城 360buy.com　新华书店 XINHUA BOOKSTORE

战略支持

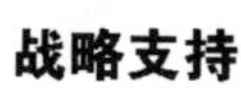

前　言

如果你是一位刚刚踏入职场的新人，那么你是否想通过各种办法，帮助自己迅速成为上司眼中的能人、同事眼中的精英？

如果你是一位企业的管理者，那么你是否想通过各种办法，帮助你那些看起来原本平庸的下属，变成市场中骁勇善战的士兵，让你的企业团队变得屡战屡胜、精锐难当？

如果你是……

的确，职场中，每个人都有着自己的目标，每个人都因自身的角色而有所期待、有所努力。但在这些不同的目标下，都有一个共同的期望，那就是希望自己从平凡变成优秀，从优秀变成卓越。其背后更为一致的是：无论你身处怎样的环境，身在怎样的行业和岗位上，想要实现这些期望，就必须要学会对个人和团队成长过程中体现出来的职业道德和素养加以严格的培养。

一个注重道德和素质培养的企业，能够因此获得组织内部顽强团结的凝聚力。而一个注重自我道德和素质培养的个人，则能够因此而获得更加广阔的未来发展空间。

实际上，道德和素养看似并不产生直接的生产成果，但却是生产和服务过程所必不可缺的支持，有了优良的职业道德和素养，才能树立真正的责任心，产生良好的工作动力、积极的工作态度和准确的工作目标。反之，没有这样的职业道德和素养，即使一个人、一个企业愿意致力于向市场和社会提供更加优良的产品和服务，也依然难以支持、难以为继。

通过提高个人和团队的职业道德与素养，职场人能够让自己的职业生命价值得到充分的乃至最大化的提高，让企业组织的运行成本获得充分的降低，让社会的不同资源得到最好的优化配置，让行业内部的共同财富得到最低程度的浪费……总之，这一系列转变，都会让员工变成企业最欣赏的组成者，也会让企业因此而变成行业中其他企业最需要的合作者，即使是竞争关系的企业，也会因为其中某个企业道德和素质的提升而获得充分的收益。

鉴于此，笔者在多年的职业化培训过程中，围绕企业职场道德和素养提升的核心过程，进行了大量有益的研究工作。通过对大量企业职场人职场经历案例的分析对比，厘清了职场人如何有效提高自身道德和修养的方法，形成具体的脉络，获得清晰的思路，整理出了切实可行的方法，同时，进一步明确了职业道德和素养在当下这个时代中的具体表现形式、所发挥的作用。本书思想深入浅出，语言通畅明白，理论性和实践性相结合，既能够为有心研究职业化理论的专家人士提供有效的研究讨论对象，也能够为实际工作在职场中的普通员工提供最实际的自我教育和发展帮助。更重要的是，本书的专业性和精准性，体现出本书尤其重要的实用价值。

可以说，有怎样的职业道德和素养，就会有怎样的职业表现，有怎样的职业表现，就会有怎样的人生。

我们每个人都无法离开生活和生存，而生活的主要内容之一是职场生活，生存的首要动力是工作，只有当我们能够让自己的天性在职场中焕发光彩，我们的能力才会在工作中不断磨砺；只有当我们高擎道德和素养的大旗，职场和人生的主宰之神才会向我们发出和善而有力的微笑！

作　者

2014 年 3 月

目录

【上篇】职业道德解读

第一章 让道德的光普照成功之路

——企业和个人都需要道德和素质培养 / 3

何为“道”，何为“德” / 3

道即大自然，德即随顺大自然 / 3

道德是一种社会意识形态 / 5

德厚者才能成事 / 8

关于道德的若干思考 / 10

道德标准并非一成不变 / 10

社会公德、个人私德与职业道德 / 13

企业和个人应遵守哪些职业准则和规范 / 15

第二章　射箭要射靶心

——道德建设的核心是什么 / 19

社会公德的核心是礼仪 / 19

讲礼仪的前提是讲尊重 / 19

礼仪之邦的礼貌、礼节、礼仪 / 21

你与时尚礼仪“脱节”了吗 / 24

如何与社会和谐共处，建立公德心 / 27

职业道德的核心是责任 / 29

这是个需要拥抱责任的时代 / 29

工作不只是为了生存与生活 / 34

以天下兴亡为己任 / 36

责任体现在工作细节中 / 39

肩负企业发展使命 / 41

家庭美德的核心是和睦 / 44

家以和为贵 / 44

孝道文化新理念 / 46

传承孝道文化的感恩教育 / 49

个人品德的核心是友善 / 52

个人的品德为何如此重要 / 52

才能是核心竞争力 / 55

“八荣八耻”之思 / 57

【下篇】职业素质培养

第三章　先成人，后成长

——以生命与成长为起点，优化你的职业资本 / 63

重新认识你自己，先做人，后做事 / 63

你是堂堂正正的人吗 / 63

人要不断改进和前进 / 66

找到自己的职业定位 / 68

如何定义真正的成功 / 70

提升职业素养的十大层次 / 73

地狱层次——无恶不作 / 73

鬼层次——不能自控，贪婪妄取 / 75

畜生层次——愚痴不道，横行强做 / 78

修罗层次——自私自利，嫉妒争斗 / 80

人的层次——明事理，晓戒规 / 82

声闻层次——守法行善，以德服人 / 84

缘觉层次——了解人类产生痛苦的原因 / 87

罗汉层次——救赎自己，施教于人 / 89

菩萨层次——弘扬佛法，普度众生 / 91

佛陀层次——明世间真谛 / 94

心态决定成败，激活生命潜能 / 96

用全身心的爱迎接今天 / 96

人生不只是停留在过去 / 98

思想转变改变你的命运 / 100
成人后的心态调整方法 / 103

第四章　职场无价，感恩长存
——以感恩和价值为基础，培养你的职业素养 / 106

怀抱感恩之心，修炼情绪智慧——情商 / 106
美国哈佛大学的情商研究课 / 106
情商主宰着人生的80% / 108
在工作中悟透人生真理 / 110
在感恩中成长，在成长中分享喜悦 / 110
工作是人生的必修课 / 112
努力工作才是成功之道 / 114
扮演好生命中的每一个角色 / 117
商业世界中的因果法则 / 119
正确运用语言化解压力 / 121
语言是门艺术 / 121
优秀人才必备的八种语言 / 123

第五章　众人拾柴火焰高
——以团队精神为根本，激活个人与团队素质 / 127

培养团队精神与团队意识 / 127
什么是团队精神与团队意识 / 127
团队合作，实现共赢 / 129
化解团队冲突，提升凝聚力 / 131

问自己八个问题 / 134
做自己想做的人 / 136
如何激活个人与团队素质 / 138
优秀人才应具备的七大能力 / 138
优秀人才的完善性格 / 141
心理健康的七项标准 / 143
优秀员工的四大美德 / 146
时间管理——用好时间做对事 / 148
适应企业文化，提高生产效率 / 151
团队创新力与执行力——成功的决定要素 / 153
创新力如何开拓 / 153
创新是自我持续发展的不竭动力 / 156
个人执行力不强的表现 / 158
执行力是职业化的过程 / 160

第六章　适者生存，改变命运
——以适应和目标为动力，迈向卓越新境界 / 162

人生就是一种选择，适者才能生存 / 162
服务态度——天使恶魔，一念之间 / 162
建立亲和力，做一个善于沟通的人 / 164
建立八个积极习惯，留住终身财富 / 166
做一个诚实守信的人 / 169
用修养赢得尊敬 / 171
八个关键词改变一生命运 / 173

个人在企业成长的五个阶段 / 177
迷茫——能力欠佳 / 177
忙碌——渐入佳境 / 179
再次迷茫——职业倦怠 / 181
中坚力量——走向中层岗位 / 183
公司核心层——参与决策 / 185
保持工作激情的六种方法 / 187
好奇心是点燃激情的火焰 / 187
兴趣让你在职场走得更远 / 189
知识——活到老，学到老 / 191
相信自己，相信自己的选择 / 193
明确目标，体现自身价值 / 195
及时给予自己奖励 / 196
积极应对各种压力的七个要点 / 198
锻炼身体，为心理减压 / 198
接受压力的现实 / 200
解决问题，而不是抱怨 / 202
倾诉，让别人帮助自己 / 203
相信“成事在天，谋事在人” / 206
调整目标和期望 / 208
通过沟通找到合适的压力范围 / 209

【上篇】职业道德解读

第一章
让道德的光普照成功之路
——企业和个人都需要道德和素质培养

何为“道”，何为“德”

道即大自然，德即随顺大自然

道德，一个在现代社会生活中相当常见的词语，同时也是在中华民族传统长河中有着漫长历史的一个名词。然而，有多少人真的了解，什么是“道”，什么又是“德”？

老子告诉我们：“道生一，一生二，二生三，三生万物。”可见，早在数千年前，古人就看到了人类身上的社会属性离不开整个宇宙、整个自然界自然属性的影响。所谓道，指的就是整个世界的客观规律。人类行为的正面意义，正是来自这样的客观规律，并体现着其中的真、善、美。

什么是“道”？自然本身就是“道”，体现着“道”背后的规律。人类自身所能观察到的世间万物，都属于自然规律中“道”的范畴。虽然这样的范畴并不客观、具体，没有明显的形态，没有统一的名义，但是这样的规律实际上统一了从宇宙到世界、从自然到社会。而人居于这样的世界中，立于天地之间，生活在自然之中，必须要学会遵从规律的指引，按照自然所昭示出的正道而行。

实际上，人类本身的思想和行为，也来自自然之道的指引和运转，才能够因此发展出智慧，产生改造自我的意识和行动，进而推动主观和客观上的变化，最后形成了人类社会意义上的道德规范。因此，“道”，也可以看作自然界为人类所指出的道路，离开了这条正确的道路，人类自身的行为将会变得无所依靠，在苍茫宇宙中无助和无力，丢掉存在的价值、运转的动力和平衡的秩序。

中国传统典籍《周易》中所提到的“圣人”，其首要标志为“仰观天文”和“俯察地理”，其次才是“观乎人文”，最终才能“以化成天下”。在这样的诠释中，“天文”和“地理”就是指向于自然的现象以及其背后的法则。这是因为，人文层面上的道德，主要是指人类社会法则和其现象。这种法则和现象，会随着时代的变化、社会形态的变迁而不断改变，但“天文”和“地理”所代表的自然之道，是指更为本质、更为深层次和更为固定的自然法则和现象。具备高尚道德的人，之所以能成为“圣人”，是因为他们不仅能够了解人文道德规范，同时也会用自然道德规范来对此加以调节和深化。

古人能够达到这样的境界，今天的我们更不应该将道德的意义理解得太过狭隘，而应该将自然法则中的道德规范同社会道德规范加以联系理解，从而形成自然道德和人文道德的相互协同。尤其在今天的现实中，崇尚自然法则的道德，就是要提倡对科学的认识，提高思辨过程中的科学性，加强对科学因素的运用，使在道德观指导下的行动变得更加科学、更加客观和准确。

具体来说，今天在职场中工作、在社会中生活的我们，首先应该做到改变自己对道德的认知。曾几何时，由于主客观原因的影响，一些人对“道德”的认知错误地定位在“教育”“灌输”“规则”上，或者认定道德是社会用来约束其成员的工具，但实际上，即使避开人类社会不谈，道德也同样体现在自然界的运行中。例如，古人认为，天地抚育生化了世间万物，却没有表现出回报要求，而是对之视同一体，这就是最显著的“天道”；而今天的科学研究也证明，即使在那些较为低等的动物群体中，也经常会表现出相互帮助、相互关心的行为模式，甚至这种行为模式可以超越动物族群表面上的限制。因此，结合自然之道，人们应该认识到，道德要求首先来自自然，来自世界，而并非仅仅出于人类社会的利益需要。

其次，人们更应当将追随“道”看成一种可以发乎自然内心的行为，应该毫不犹豫地通过自我修养的提高，来表现对自我道德修养的要求。在这样的行动中，由于具备了对道德的自然属性的认识，人们将会因此更加乐于提高自身修养，让自己的思想、心态、行为、习惯不断推进提升。

总之，对道德的本质认识，应当从自然开始，应当从亘古而存的这个世界开始！

道德是一种社会意识形态

认识道德的自然属性和其深刻来源，是人们认识道德的基础，而想要在今天的社会更好地提高自身对道德的认识，改变自己的行为模式和认知水平，就要从社会意识形态的高度来更好地理解什么是道德。

那么，什么是社会意识形态呢？

社会意识形态，又称意识形态，是指一种对世界理解性的想法，一种认识、观看事物的方法，一种观念的集合。具体来说，社会意识形态代表了社会层面精神生活的总和，反映了社会的存在，是特定的社会环境中经济、政治影响所直接表现出来的观念、观点和概念的集合。

其中，道德就是社会意识形态的一种特殊表现形式。

之所以说道德是社会意识形态，是因为道德属于人们的思想世界，是一种精神观念的总和。而之所以说道德特殊，是因为它代表着人们在共同的工作、生活等相处过程中行为所应当遵循的准则和规范，并具有和一般社会意识形态所不同的五个功能。

首先，认识功能。道德能够指引人们更好地认识世界、认识自我和认识他人。在职场中，许多人原先并没有正确地认识自我和企业、工作和生活、家庭和事业之间的关系，甚至对自己所处的行业、岗位的认识也并不到位。而一旦通过道德层面的学习和提高，往往就会发现世界在自己眼中能够得到彻底的改变，从而激发出连自身都想象不到的充实潜力。

其次，调节功能。同普通的社会意识形态不同，道德具备调节社会中不同利益关系、不同矛盾的作用。例如，在一个道德素质普遍较高的企业内工作，由于团队内部的成员之间、团队和团队之间、上下级之间都能用良好的职业道德规范来对自己的工作行为作出正面影响，那么，产生的不必要的矛盾就会相应减少，工作阻力就会变小，而彼此之间的利益关系相应能得到更好的调节。

再次，教育作用。当人们学会用道德理念来自我教育之后，无疑就打开了一扇通向新的世界观的大门。例如，在职场中，人们会利用道德规范来重新评价自己的工作态度、工作行为，并认识到其中存在的问题，同时加以有效改正，并更好地做到自我提高和改变。这样，出现在职场上的人就会因为对道德的利用而变得日趋完美，更加合乎社会和集体的需要。

除此之外，道德还包含着评价和平衡的功能，不仅能够对单独的个体起到作用，也能对整合人和人之间的关系、协调组织和社会之间的矛盾产生积极的影响。

当然，正因为属于社会意识形态的一种，道德才会随着时代、社会的发展变化而表现出不同的特点，甚至有可能产生截然相反的特殊情况。例如，无论是在西方的中世纪还是在中国的封建社会，按照家族意愿建立婚姻关系就是当时的道德观念，而今天，选择自由婚姻才是应有的道德观念。之所以产生这样的变化，当然和社会经济发展水平和思想认识水平是分不开的。但人们也需要注意到，某些道德规范在社会范围内是不可能改变的，例如，不因自身私利而损害他人利益、努力工作以实现自我价值、积极帮助他人、同情心等，这些道德观念都应该属于人类所共有的道德范畴，难以替换。

总体来说，道德规范是特殊的社会意识形态，虽然是一种规范，但并非制度化、强迫化，和法律有着显著的区别，同样，道德规范也并不应该使用强制化的手段来加以宣传，而应该是每个人通过自我的教育、自我的认识和改变来进行实践吸收、体现。这就更要求人们在工作和生活中，都要注意主动、自觉地培养自身的道德观念，提高自己的道德标准，从而成长为更加富于道德理念、更加优秀的人。

德厚者才能成事

心理学家马斯洛曾经提出，人的需求有五个层次，其中，最初的两个层次为生理层次和安全层次，其上为社交层次，而在此层次满足之后，会更进一步地有希望被尊重的需求和自我实现的需求。可以说，这样的五个层次，正是今天的人们不断努力奋斗的目标和愿望，也是人们不断将精力投入事业的原因和动力。

然而，成事离不开做人。这是因为，人际关系也是做事的基础，而现代人的人际关系，往往由于缺乏对“厚德”的关注，造成种种不和谐。

正如中国的古老格言所说，“地势坤，君子以厚德载物”。只有真正厚德的人，才能承载事业的成功。例如，有的人只考虑自己的利益，而不愿意接受他人的意见，自然难以“厚德”，承载起应有的能量；有的人态度冷漠，让人无法接近，并不愿意接受他人的意见，却希望自己的主张一定要被他人看重，更是无法利用其“厚德”而引发良好的合作。凡此种种，都是缺乏“厚德”而导致无法成事的典型。

同样，成事也离不开对自我思想的改变、行为的反思，纵观历史上的成功者，无一不是懂得反思自己、改变自己的“厚德”之人。这是因为，只有当一个人具备了良好的道德素质后，才会看待自己在工作和生活中展现出来的全貌，并以更高的标准要求自己、督促自己。

松下幸之助是世界商业历史中赫赫有名的企业家，他的成功不仅来源于个人奋斗和机遇青睐，同时也来源于“厚德”，即对自我的反省，对事业的反省，乃至对阶层、社会和国家的反省。他曾经说过：“有时候，难免会发生一再失败的情况。但是，只要有反省、再反省，改正、再改正的勇气，就一定能够成功。”松下幸之助认为，一个企业家只有具备了良好的道德意识，才能做到不断反省和改正，直到成功。

如果从更深层面来看，“厚德”可以使人拥有良好的道德修为；从长远方向来看，一定能够帮助一个人走向成功。

在《物种起源》出版后，达尔文的信徒赫伯特·斯宾塞用“适者生存”这样一句话，让自然选择这一假说闻名于世、持续流传。在这样的理论中，资源稀缺的现实似乎成为了人类内部竞争中表现出自私、狭隘等特征的理由，从而形成弱肉强食为主的“森林法则”社会，其中，人们可以不断降低自己的道德底线，进行损人利己的行为。然而，事实并非如此，我们看到，随着社会的进步，究竟怎样才能做到适应，已经不言而喻——真正适应社会的人，不是那些不顾一切谋求私利的人，而是那些具有相当高的道德修养的人。这是因为，即使在自然界中，同族群中最适合于生存、进化的方法，也是合作、利他，体现在人类社会中，个人的收益也同样不仅仅取决于自己的行为选择，更取决于群体内、社会内其他成员对个体的行为，这样的行为将在很大程度上决定一个人是否能“成事”。

具体来说，当一个人具有较高的道德修养后，他会因为对他人利益的关注而更愿意和其他人分享自己的利益，向其他人提供自己的帮助，这样，他将获得明显比道德修养较低者更多的资源可能。

这也正是传统格言中所说的“得道者多助，失道者寡助”。

当然，强调道德修养因素，并不意味着仅仅依靠道德层面的力量，就能让一个人在激烈的社会竞争中获得成功，但必须认识到，个人道德修养无疑是未来综合竞争中一个相当重要的因素。无论是对于建立个人品牌，还是对于整合社会资源，道德修养都具备充分的力量。

为此，一个人应该努力培养自己成为“厚德”者。首先，应该积极关注自身素质的提高，从提升自己的人文素质、审美情趣开始，到加强自身的工作责任心、端正工作态度、强化工作目标，从整体上让自己具备更加高远的眼光，塑造更加完美的人格。其次，应该仔细观察和他人交往过程中的细节，注意这些细节是否会因为不经意的疏漏而导致对他人利益或者感情的伤害。最后，应该学会同他人无私地分享，只有这样，才能帮助他人获取资源，并反过来帮助自己获得相应资源。

“厚德”，并不是单纯的精神享受，当一个人真正拥有了更高的道德素质，表现出更加高尚的品行时，来自现实中的回报很快就会到来！

关于道德的若干思考

道德标准并非一成不变

正如前文所述，道德是社会意识形态的特殊表现，是观念的集合。因此，道德必然具备其自由的标准，但值得注意的是，这种标准并不是一成不变的。

在特殊的时间和区域中，道德标准能够指导并约束该时间和区域中的人们，并成为他们的行为规范。其中，凡是符合这种标准和其规范的行为，就被称为符合道德的善的行为，否则，就会被判定为恶的行为。

客观地说，这种判断行为善恶的标准，不可能是永远固定的，因为既然有标准，就有制定标准的依据，这种依据归根结底来自一定的个人、阶层、组织的利益和需要。正因为如此，在不同的时代、社会形态中，才有着不同的道德标准，即使在同一个时代、同一种社会形态中，由于个体认识的不同、阶层的不同或者组织的不同，也会有着有所区别的道德标准。

然而，道德标准并不会因为其不确定性就没有是非标准，必须承认，道德标准存在着科学和反科学的区别，这是因为，前者所代表的标准满足了社会和时代发展的客观需要，而后者很可能只关注到自身的需要，却没有看到身边的大趋势。

不妨以企业在不同时期决策中表现出来的道德倾向为例。这种道德倾向，同企业在其生命中所处的发展周期有着紧密关系：在最初的发展阶段中，企业面临着生存期的巨大压力，因此，企业往往并非充分考虑道德需要，在企业管理者的讨论中也涉及较少，缺乏重视。这就直接表现在那些面临企业生存压力的领导者，为了实现带领企业冲出困境的目标，而做出冒险的行为，甚至游走在法律边缘；而当企业发展到相对安定的阶段，企业管理者则比较倾向于制定出明确的道德准则去要求员工，但是，企业的中下层管理人员此时依然处于自己的工作目标压力或个人的利益诉求下，想要他们同这样的道德准则保持一致，在一定程度上会有困难。

这一不争的事实告诉我们：我们既需要承认道德标准的不确定性，又应该利用这种不确定性，提升自我的道德修养。

具体来说，即当身边的环境、组织或者企业、团队需要我们改变自己既有的道德标准时，职场人必须要重新观察自己原有的道德标准，寻找、发现和理解其中所存在的问题——哪些标准不适应目前的企业和个人共同发展的需要？哪些标准又不适合社会、组织或者团队对于职场人个人的期盼？

接下来，职场人就需要充分调整自己的道德标准。这个过程当然并不容易，需要职场人在一定程度上放弃自己原有的标准，甚至改变自己原有的世界观、人生观或者工作观。但是，一旦适应了这样的标准，并能够以此来自我影响，那么，我们就会从道德标准的改变结果中体会到“重生”的愉悦，同时更好地适应自己的角色。

当然，在观察不同的道德标准时，需要职场人认真去体会自身所处的组织、团队的实际情况，寻找其利益关系点，并找到自身和组织之间的关系。通过自学、参加培训或者学习相关课程、多请教有经验的前辈员工等，能够迅速地找到自己应当确立的道德标准，并加以应用，是当下时代身处职场中的人们应该主动做出的努力。

虽然道德标准不断变化，但是，作为身处社会组织中的个体，必须要学会主动理解道德标准，才能做到迅速地获得道德修养的构建基础。在这个过程中，等待、抱怨或者彷徨，都是毫无意义的，真正行动起来，而不是坐等道德标准对你的改变，才是理智、科学的态度和道路。

社会公德、个人私德与职业道德

从类型上可将道德分为社会公德、个人私德和职业道德三种类型。这三种类型的道德，构建了一个人应该具备的全面道德素养和道德标准，几乎指导着个体在社会生活中的一切行为。因此，正确认识和分析社会公德、个人私德与职业道德之间的关系，加强对这三种道德的自我修养，从而调整个人和周围的人际关系、改善自身的周边环境和获取更多的利益，有着相当重要的实际意义。

社会公德，是指在社会公共生活中，公民的所有行动表现出来的道德活动。这是因为，在社会公共生活中，每个人都是公民，而公民的所有行动都或多或少地表现出公共的性质，同时不可避免地成为公德的行为。因此，公德关系到整个社会中所有公民的公共生活，影响着公共领域所表现出来的秩序。

例如，2011 年 10 月 13 日下午 5 时，广东佛山南海黄岐镇广佛五金城里，两岁的小悦悦在家门口玩耍时，被一辆迎面开来的面包车撞倒并卷进了车底。肇事司机虽然踩了一下刹车，但很快又加大油门开走，后轮再一次轧过小悦悦的身体。随后，两名路人经过该地时，均对受伤的小悦悦不闻不问，随后又一辆小货车再次碾轧过小悦悦的身体。之后，在七分钟内往来的十余名路人，均因为各种原因而对受伤倒地的小悦悦漠不关心。直到被一位拾荒阿姨发现后施以援手……事件发生后，整个社会震惊了，人们纷纷在反思：社会公德出现了怎样的问题？应该如何提升社会公德？

正如事件所反映的那样，社会公德关系着每个个体的生活，也关系到社会整体的幸福和谐。因此，职场中的我们，首先要意识到社会公德在自身工作和生活中的重要性。

个人私德包括个人品德和家庭美德。个人私德，相对于社会公德和职业道德来说，具有更多的私人性、自发性和自决性。这是因为，个人私德更多关系到个人的品德标准和行为内容。然而，私德同样和公德有着紧密的联系。一个具有良好私德的人，会形成稳定的道德标准，并要求自己遵守公德；同样，公德的建设也能够打造出良好的环境，帮助个体提升私德，并形成从公德到私德产生的一种无形的影响力和压力。从个人来看，其私德表现得水准高低，很有可能影响到他参与到公共社会生活中所受到的待遇、能够支配运用的资源，乃至直接影响到他的公众道德形象。

例如，曾经有位在微博上名声鼎盛的企业家，他不仅经营企业，还关注公益，热心社会公益事业，经常用自己对社会事件的点评塑造自己的公德代言人形象，自己也从中获益匪浅。然而，由于其私德的不检点，被爆出违背法律的丑闻，结果不仅自己受到了法律的惩处，其在社会公众眼中的形象也顿时崩塌，最终不得不选择离开中国重新谋求发展。可以想象，不论其日后发展如何，这样的私德污点将会始终跟随其“信用档案”，并带给外界以负面影响。

企业家如此，普通人就更是这样了。无论社会如何鼓励个性独立、自我意识，当一个人的私德缺陷表现在众人面前之后，所谓的私德问题就绝不仅仅是私德问题了，周边环境的影响会很快将这样的问题扩大化，提升到更高的层次中对个人产生影响。因此，关注私德，利用私德的培养来注重对公德意识的提高，是每个人必须努力的方向。

除了社会公德和个人私德，道德体系中最重要的应该属职业道德了。所谓职业道德，是指和每个人在职业活动中的行为有紧密联系的道德准则、情操和品质，这些因素必然和其职业活动行为的特点有所联系，既是对职业人员行为给出的标注和要求，同时又是职业本身对社会所应该承担的责任和义务。在本书的下篇中，我们将会重点了解和学习职业道德的特点，这正是由于在这个社会分工越来越细化、精细的市场经济环境中，每个人的社会角色都被自己的职业所浸润、影响，甚至无法分割。因此，除了社会公德和个人私德之外，作为离不开职场的我们，更需要关注的是职业道德，努力提高职业道德素养，让自己拥有更加高尚的职业道德情操和品质，能够帮助我们在职场上获得更多的支持，发挥更大的作用！

总之，社会公德、个人私德和职业道德，三者看似不同，但实际上难以分割、相互影响。一个真正重视自我道德修养的人，会在社会公德上遵循公共期待的标准，在个人私德上做到“慎独”和“自省”，更会在职业道德上做到不断努力、不断积累、不断磨炼自我，以求日日进步、迈向卓越。

企业和个人应遵守哪些职业准则和规范

从广义上来看，职业道德不仅仅是要求员工的，同样也要求着企业家乃至整个企业。这是因为职业道德既是整个社会道德体系中不可缺失的重要部分，同时又具备自身的特殊含义和作用。这主要表现在职业道德本身的特性中：

首先，职业道德有着明确的适用范围，具备按照职业区分而表现的有限性，这是因为每种职业都意味着一种特定的职业责任、职业义务，不同的职业，其职业责任和义务当然不同，因此会形成各自独立、各自不同的道德规范。

其次，职业道德有着不断发展、不断延续的特征，一个特定行业或企业中，不仅其生产技术、服务方法会延续下去，企业对员工的要求、对员工的指导，也会表现出相应的继承性，并成为这个行业或企业特定的职业道德表现。

再次，职业道德的履行和表现形式很多，这是因为职业道德的要求大都比较细致而具体，更多从细节中有所体现。

最后，职业道德还带有明显的纪律性，这就使得职业道德同公德或私德有了相应的区分，因为纪律是一个组织内部的行为规范，它既要求组织内部的成员做到自觉地遵守，同时又带有相应的强制性。这一特点，决定了职业道德既能从前者出发而带有道德色彩，也能从后者出发而带有一定的法律色彩。因此，遵守职业道德，一方面，是企业家或者员工美德的表现，另一方面，也是他们遵守组织纪律的体现。

正因为职业道德有着这样的特殊表现和特殊作用，因此，职场人更应该重视职业道德的作用和表现。事实表明，那些清楚自身职业的职业准则和规范的人，绝大多数都能够获得成熟的职业心态、稳定的职业表现、精湛的职业技术和丰厚的职业收获，成为企业中所稀缺的人才，成为社会所推崇的成功者。

不妨看看下面这个案例：

2012 年 5 月 29 日，杭州长运集团的大型客车驾驶员吴斌，正在无锡开往杭州的班线上工作。高速公路上，谁也没有想到的事情发生了，一块空中飞来的铁片，飞速迎面，击碎了前挡风玻璃，并击中吴斌的腹部和手臂。在这几秒钟时间内，吴斌忍住剧痛，缓缓将车辆靠边停下，然后拉好手刹，开启双闪灯，在完成了如此标准的停车措施以后，吴斌又以惊人的毅力，从驾驶室站起身来，通知全车乘客要注意安全，并打开车门，成功疏散乘客，确保了车内24名乘客的安全。然而，吴斌自己却因为伤势过重，在人们将他送往医院之后因抢救无效而去世。医生的检查结果证明，吴斌当时已经肝脏破裂，肋骨多处骨折，肺部、肠道挫伤……

吴斌承受着生死考验，却没有忘记职业道德，依然用平时的职业准则和规范要求自己。这正说明在之前的日常工作中，他能够多年如一日地用职业道德标准来要求自己，养成了良好的习惯，因此才能在身体机能遇到如此突然且重大的打击而形成重伤时，还能够完成一系列正确的停车动作，表现出了优秀的职业素养。可以想象，这样的员工，在任何组织、任何企业，都会是精英，都会是成功者。

当然，绝大多数职场人并不会遇见如此生死攸关的突发情况，但在平时的工作中，人们同样应该注重秉持职业准则和规范，一切按照既有准则来办事，才能养成应有的业务能力，具备应有的工作态度。

例如，职业道德要求员工在对待工作时应该热爱本职工作，做好属于自己职责范围内的事情。同时，还应该遵守企业和部门的规章制度，并注重个人的自律，做到廉洁工作，而不能利用自身的岗位之便贪污、受贿，或者利用工作权力来谋取私利。

又如，职业道德要求员工在对待组织、部门或者团队的利益时，应该充分重视，将集体主义看作自身职业道德的基本原则，正确处理个人利益和客户利益、同事利益、部门利益、企业利益的关系，秉持对组织纪律的尊重和坚守，时刻将自己应该遵守的纪律放在心间，用来指导自己的工作行为和工作态度。

拥有职业道德，还需要职场人养成良好的职业习惯，这些习惯也是每一个员工自身岗位工作的需要，是为了能够良好地完成工作任务，而在工作过程中形成的习惯。可以说，良好的职业习惯，是保证每一个职场人完成工作任务、提高工作质量的必备品质，更是职场人提高职业道德的必备因素。

总之，职业道德并非抽象空洞的说教，也不是喊喊口号就能够实现的道德标本，而是需要通过日常工作中切实的行为细节，点点滴滴体现在具体工作中，才能达到的过人境界。

第二章
射箭要射靶心
——道德建设的核心是什么

社会公德的核心是礼仪

讲礼仪的前提是讲尊重

调查表明，那些看起来漂亮的人，无论在职场中还是生活中都会有多5%的机会去接近成功。这样的原因固然有一部分在于人们“以貌取人”的心理现象，但更主要的在于优美的仪容、仪表和气质，能够唤起他人的受尊重感，而这种受尊重感对礼仪的产生有着良好的效果。

实际上，礼仪的本质并非仅仅体现为我们约定俗成的那些制度和规则，还包括社会意识形态核心体现于外界的表现，即在人际交往中需要充分地尊重他人、尊重自己。因此，从字面上来看，仪，就是指表现形式、表现态度，其含义就是尊重自己和别人的意识在外界所表现出来的规范的具体形式。因此，礼仪就是一个国家、一个民族、一个行业、一个组织、一个团队、一个家庭乃至一个人在和外界进行不同的交往活动过程中，体现出的对他人尊重的价值观和态度，并形成约定俗成而必须遵守的行为规范和准则。

下面的故事，充分体现出礼仪的前提和核心就是尊重。

张良，是西汉开国皇帝刘邦的军师，其祖先是战国时期的韩国人。韩国被秦国灭亡后，张良立志要为国复仇。然而，由于刺杀秦始皇没有成功，反而受到了通缉，只好避居到下邳郊外。

张良在郊外闲居无事，某一天，到桥边散步，遇上了一位老人，这老人穿着普通，蹒跚走到张良的身边，不小心将鞋子掉到了桥下。他便回头冲张良喊道："小青年！下桥去，帮我把鞋子捡上来！"张良吃了一惊，本能地想顶撞他一下，但想到对方是个年老之人，不禁多了几分尊重和忍让，便下桥捡起了鞋子。老人却更加过分，说："小青年，把鞋子帮我穿上！"张良想，既然都捡起了鞋子，不如就帮他穿上吧，于是便半跪在地上给他穿好鞋子。老人满意地点点头，微笑着走了。他走了半里路不到，便又转回身来告诉张良说："你这年轻人，倒是个能成才的，五天以后天一亮你就来这里，同我见面！"张良此时明白过来，知道老人不是个平凡人物，便恭敬地领受了命令。

第五天，天刚亮，张良就来到桥上，不料老人已经等在那里了，他看见张良就不高兴地说："你和老年人约定，怎么能迟到？过五天再来！"又过了五天，早上鸡刚叫，张良就来到了桥上，没想到，那老人又待在那里，老人见到张良后更加生气地说："你这小子，怎么又落在后面？再过五天早点来！"说完掉头而去。这次，张良在第四天半夜，就来到桥上，等了好久，那老人终于来了。老人看见张良很高兴地说："这样才好。"于是他便拿出一本书，说："以后认真研读这本书，便可以做帝王的老师了。"

就这样，张良获得了《太公兵法》，此后经常熟读，反复研习，最终帮助刘邦开创了大汉数百年的基业。

这个古老的故事反映出，所谓礼仪，并非仅仅是一种外在行动，更需要内心存在对自己、对他人的尊重。一开始，老人对张良故意不尊重，但即使这样，张良还是因为其内心的良好道德素养而尊重老人，更尊重自己，才克制住了最初发火的念头。之后，两个人约定见面，张良一开始没有足够尊重老人，没有提前去桥上等候，没有真正重视这次见面，所以才让老人生气，而当他懂得了什么是尊重后，才获得了宝贵的资源。

同样，在今天，礼仪行动绝不应当是一种虚伪的表面行动，而应该是内心尊重的自然流露，反之，通过礼仪的行动，可以帮助每个人及时确认对自我和对他人的尊重。

具体来说，对上级的礼仪，是为了表现对上级的尊重，身处职场，几乎每个人都有上级领导，即使你和上级的私人关系一般，或者你对上级不够了解，抑或上级对你并不充分看重，但尊重上级依然是你所处岗位的天职。因此，对上级的尊重，必须表现为对上级尽到应有的礼仪。

礼仪之邦的礼貌、礼节、礼仪

中国是传统的文明之邦，人们在社会交往中的相互尊重和友好，可以概括为礼貌、礼节和礼仪三方面。实际上，这三方面是相互联系、相辅相成的。本质上，这三方面都是相互一致的，表现出同样的社交需要和个人发展需要，但是，这三方面又各有其独特的含义和实际要求。

礼貌，是指每个人在日常的交往中，相互表现出的友好、尊重意图的行为，这种行为重在将个人的良好品质表现出来。充满礼貌的行动，体现了时代的需要、社会集体的道德规范，也体现了个人的修养水平、文化层次。礼貌同行动无法分离，因为礼貌总是在个人待人接物的过程中，通过其具体的仪容仪表、行动方式、言谈举止来加以表现的。可以说，礼貌是一个人做到文明行动的最基础要求，是能够让整个社会生活具备良好秩序、产生良好氛围的客观条件。

实际上，在日常社会生活中，由于各自利益的不同，人们很容易产生不同的矛盾，或不同的联系。通过行动中的礼貌，相互尊重和谅解，矛盾就能够得到较好的化解，联系就能进一步深入，这样，无论在工作中还是在生活中，效率与幸福感都能得到有效提升，充满友好、温馨。

在不同的社会、不同的文化背景、不同的国家和民族，由于具体的行为环境不同，表达礼貌的方式也可能有所不同，但是，在礼貌所应有的内涵上却是相同的——表达尊重，表达友好相处的愿望。同时，在诚恳态度、谦恭特点、和善愿望和适度标准上，也是相同的。

例如，在社交场合中，如果一个人衣冠不整地出现，或者说话做事不注意他人感受，表现出冷漠自负的情绪，那么，这样的人肯定会被人认为缺乏教养，或者缺乏诚意。实际上，礼貌应当是由内而外的良好道德品质的表现，对人的尊重能够发自内心，才不是虚伪客套，而是真诚有效的。

因此，礼节可以看作礼貌在具体方面，如语言、行为、仪态等方面的具体体现，能够表现出对他人的尊重、友好的行为规范。同礼貌相比，礼节更为表面化，总是表现为一定的行为程序。当然，这并不意味着礼节仅仅是表面的形式，而是强调礼貌的本质必须通过一定的形式才能表现出来。

例如，尊重师长这一礼貌行为，应该通过在见到长辈、教师、领导时及时问好的礼节来加以表示；又如，欢迎客人的到来，可以通过见到客人时及时站起身来握手行礼等来加以表示；再如，得到他人帮助之后，应该及时说出“谢谢”来加以表示。

正是因为有这些礼节，礼貌就不仅仅是表面动作或内心想法，而是内心和表面的实际联系，是内在品质的外化，也是外在行为对自我内在的提高。懂得礼貌而不懂得礼节，就不知道如何去表达和传递尊敬和友好的心意，容易导致在人际交往中产生紧张、错误和尴尬，反过来，懂得礼节而不懂得礼貌，就很容易产生机械的模仿、姿态话，而没有真正的情感在其中，容易让人感觉太“虚”。因此，礼貌和礼节的统一，应当是内在的品质和外在的形式合而为一的统一。

同样，礼仪和礼貌、礼节之间也有着区别和联系。礼貌更加侧重于表现出个人的道德品质，礼节则更为强调的是这种道德品质应该以何种外在形式加以表现，而礼仪的文化内涵会更加深远。礼仪是指社会生活场合中，人们在礼遇层次等方面应该加以集体遵循的行为规范，适用于规模较大、气氛较为隆重的集体场合。与此相比，礼节就比较简单了，也产生在礼仪之前，只是伴随着社会交往日益扩大，交往的活动越来越频繁，设计的层面越来越深入，理解也就越来越复杂，逐渐形成了一些按照规定必须履行的理解程序，如此一来，礼仪也就从礼节中自然而然地分离并得到提高。因此，礼节可以看作礼仪的基础，而礼仪则是程式化的礼节。

如上所述，只有将礼貌、礼节和礼仪三者结合起来，从内到外打造自身对于“礼”的全面认识和表现，才能做到良好地提升自身的内涵，营造宽松和谐的人际关系，让工作节奏和生活氛围都更加有利。

你与时尚礼仪“脱节”了吗

古今中外，不同的礼仪程序，可以用“浩如烟海”来加以形容。然而，作为生活在现代社会的人们，既有必要适当学习和了解这些礼仪程序，更需要掌握符合今日现代社会人文、和谐的时尚礼仪。这是因为，时尚礼仪是一种建立在现代社会的时尚行为科学，这种科学以实现人际主客观环境和谐为最高境界，能够有效推进个人的工作业绩、生活幸福。

时尚礼仪从“实战、实用、实效”的标准出发，融合了传统礼仪、现代礼仪和国际礼仪等多方面内容的精华，涵盖了职场、政务、社交、公关、销售和商务等专业礼仪的内容，也包括各行各业的行业礼仪内容。这些内容通过专业导师的选择、汇集、融合，形成了能够迅速帮助每个人提高自身礼仪能力的知识内容，值得学习和研究。

然而，随着日常生活节奏的加快、工作压力的增大，不少职业人士只是注意到如何寻找更好的工作岗位、创造更好的工作业绩、获得更强大的工作人脉，日渐和时尚礼仪所脱节。实际上，这样的行为也导致了以下情况的产生：正是由于和时尚礼仪所脱节，职场上良好的工作岗位难以获得、工作业绩无法取得，而工作人脉也难以稳固。

不妨看看下面这个案例：

某次，A公司的经理派女职员小陈去接客户——B公司的客户代表徐经理。当在机场租到车以后，小陈很自然地像朋友一样和徐经理一起坐在司机身后的位置上。结果，到了目的地以后，负责接待的会务公司员工居然没办法分清谁才是徐经理。小陈因此而被自己的领导狠狠批评了一顿，因为她对时尚礼仪基础层面上的不了解，导致混淆了主客关系、上下关系。其实，下级、主人坐在司机旁边的副驾驶位置上，才是对待那些职位较高者的正确礼仪。

具体来说，在乘车中，送上司、领导、客户坐车外出办事，应该首先为他们打开汽车右侧的后门，然后用手遮挡好车门的上部，请他们上车。等其坐好后才能再行关门。如果你和上司同坐一辆车，应该先由上司决定位置，待上司和客户都坐定后，才能选择空位，但需要注意的是，不要去主动坐在后排的右边席位上。等抵达目的地之后，下属应该首先下车，并绕过去为上司或者客户打开车门，同样应该为对方扶好车门门框，然后等待对方下车。

仅仅是乘坐汽车，就有这么多的时尚礼仪，是不是太过复杂呢？

实际上，对于并没有建立起时尚礼仪的职场人来说，听起来似乎相当烦琐，但从进入职场开始后，就应该积极建立这样的时尚礼仪意识，并养成良好的礼节习惯，让这样的习惯融入自己的工作和生活中，你就会发现，那些看起来烦琐的细节实际上也并不那么烦琐，相反，很容易帮助你获得良好的职场环境。

那么，如何才能建立起对时尚礼仪的了解，做到不和时尚礼仪脱节呢？

首先，作为一个现代人，要在心态上建立起对时尚礼仪的正确认识。与周围人越来越密切的联系说明，在职场中，没有人能够独行。因此，是否具备时尚礼仪的知识、能力，是否能够表现出正确的习惯，是否可以养成良好的态度，都会影响到你在职场和生活中是否能够顺利成长，而不仅仅是你的工作能力或工作业绩。所以，不妨从现在开始，将认识和履行时尚礼仪的高度，提高到个人工作、生活升华的高度，从而正确了解时尚礼仪的意义。

其次，作为职场人，时尚礼仪的学习应当和日常生活的行为结合起来。这是因为人们可以通过学习、参加培训等途径了解时尚礼仪，但仅仅了解时尚礼仪是不够的，还必须将对时尚礼仪的了解随时反映在日常行为中，如按照礼仪标准去要求自己工作的仪容仪表，按照礼仪标准去要求对待他人的言行姿态，按照礼仪标准去正确地待人处世等。这样，才能做到知行合一，将时尚礼仪转换成为真正的成果。

最后，需要利用时尚礼仪的行动来提高自身的素质涵养。素质涵养并不是一朝一夕能够养成的，更不是通过参加培训、活动就能够提高的。对素质涵养的提高，应当用自身行动作为改进的契机，利用行动的改变，推进自己思想认识上的改变，逐渐做到素质上、气质上的改变，这样，时尚礼仪所发挥的作用就会更加深远和重要。

如何与社会和谐共处，建立公德心

一个社会是否能够和谐地有序运行，关系到其中所有人的福祉，也关系到其未来的走向发展。同样，一个人是否能够做到和谐地与周围相处，关系到其自身的长远利益，也关系到其在未来将会扮演怎样的角色。

今天，越来越多向往和谐、向往关爱的呼声表明，社会需要和谐的价值观，个人也需要促进和谐的行动。

那么，什么才是真正的和谐呢？

和谐社会，意味着以下三方面的和谐：人性层面上的自我和谐、人和人之间关系的和谐、人类和自然社会的和谐。

自我和谐，意味着人性通过内在的自我反思和改变，而形成的不断净化、不断纯真的过程。没有任何一个社会能够建立在缺乏个人道德、缺乏良好人格的个体群基础上。这是因为，个体是组成社会的一个个微小细胞，只有通过个体的自我反省和思考，形成一个个良好的和谐自我，才能做到促进整个社会的和谐、变化、成长。

《悲惨世界》中的主人公冉阿让，原本是个善良、单纯的年轻人，因为想给自己的侄子、侄女偷一块面包而被捕，在监狱中失去了长达 19 年之久的自由。在如此长的时间内，他的人性发生了截然不同的变化，变得仇视身边的一切事物、仇视整个社会。然而，当他出狱以后，遇到了宽容、和善、私德无缺、公德至善的主教，不仅宽恕了他偷窃银器的罪过，还主动将银烛台送给他并帮助他脱身之后，冉阿让认识到自身人性层面的恶，并决定痛改前非、回报社会。这就是一个人如何追求自我和谐的过程。如果社会中的每个人都能如此追求自我的和谐，洗涤人性中恶的一面，社会公德又何愁不能得到普遍提高呢?

人和人之间关系的和谐，则是构成人类社会内部和谐的具体因素。孔子曾经说过：“不患寡而患不均。”实际上，孔子并非真正在提倡贫穷主义，而是他认识到，即使在贫穷的环境中，如果人和人之间关系和谐，那么，社会公德就会维持在较高水平上，整个社会依然有发展的动力，有积极向上的追求目标。反之，如果社会整体生活水平提高，但每个人都因为觉得自己遭受了不公平的待遇，而导致对身边人的抱怨、忌惮、愤怒乃至仇恨，那么，这样的社会即使有着繁荣的物质文化，最终也会停滞不前，给其中的每个人带来打击。

改变社会风气、提高社会道德、创造和谐社会，是我们每个人都殷切期待的，这是因为每个人都能从和谐的社会中得到安全感、信任感和幸福感。但需要看到的是，作为生活在社会内的个体，人们并非远离社会的独立存在，而是在某种意义上就代表了社会的一部分。因此，个人是否具有良好的公德心，能否正确处理好和他人之间的关系，最终将会影响到整个社会风气的好坏、整个社会是否和谐。

例如，有这样一个社会科学调查反映：在那些邻里关系相处良好的社区中，即使不同家庭之间不可能全部相识、相处，但其中的住户都会因为能够和自己熟悉的家庭相处良好，而对社区所有家庭的印象良好，并给整个社区打出高分。反之，在某些社区中，由于住户和自己上下楼邻居关系紧张，结果为整个社区也只能打出低分。

社区如此，社会现实也同样如此。这样的社会现实要求我们，只有从自身做起，改变人和人之间的关系，创造良好的互动方式，才能得到社会风气的整体好转，创造出积极的和谐社会。

如今，人类社会和自然社会之间的和谐相处，也越来越受到人们的重视。近几年来 PM2.5（细颗粒物）的话题越来越受到关注，这种关注背后，不仅应该投入自己的注意力，更应该激发每个人在自我公德方面良好习惯的塑造动力，从而表现出人与自然、人与环境的良好的默契关系，并帮助整个社会树立爱护自然、爱惜环境的公德氛围。不言而喻，当整个自然环境不断好转的同时，每个人都会受益匪浅。

总之，创建和谐社会，并非仅仅是远大的目标和想象，而应该是每个人加以积极行动起来，在自我道德上加以改变、修炼和提高的过程。相信随着越来越多的人个人道德品质的提高，公众道德品质也会上升，而社会文明程度、和谐程度也会跃上一个更高的新台阶。

职业道德的核心是责任

这是个需要拥抱责任的时代

这是一个需要负责任的时代——不要逃避责任，而要拥抱责任。

美国前总统威尔逊曾经说过：“责任感和机遇是成正比的。”事业心越强的人，他们需要承担的责任就越大，而事业做得越大的人，他们所获得的利益也就越大，因此，承担的责任势必比普通人更多。

美国总统奥巴马在其就职演说中表示，政府和每个美国人都面临一个“需要责任感的新时代”。奥巴马的责任观主要体现在两点。其一，政府要保障民众就业。对此，奥巴马解释道：“我们今天要问的不是政府是否太大或太小，而是它是否起作用——能否帮助家庭找到提供体面薪酬、医疗保健和退休金的工作。如果答案是肯定的，我们将继续前行。如果答案是否定的，任何计划都将无果而终。”其二，每个民众都需要发扬“服务精神”，和政府一起共渡难关，并贡献一己之力。奥巴马强调：“我们的挑战或许是新的，我们用来应对挑战的工具或许也是新的，但我们取得成功所依赖的美德——诚实与勤劳、勇气与公正、忠诚与爱国、宽容心和求知欲，却是不变的。每个美国人都应认同，我们对自己、对国家、对世界有责任，一种不是勉强接受而是乐于掌握的责任。”

奥巴马慷慨激昂的一席话，不禁让人想起美国前总统肯尼迪就职演说中的经典名言：“不要问国家能为你们做什么，要问你们能为国家做什么。”

正因如此，如果想要在事业上获得优秀的成果，人们必须要学会充分承担责任、接受责任，以责任心作为工作理念的基础，并在这样的基础上扩大自身的事业。这是每个人在职场乃至在社会生活中必须面对的不可缺失的内容。

同样，一个责任心不够充分的人，难以获得应有的信任。在他人眼中，他们即使能给出承诺，也不足以信任，更何况其行为也难以得到诚信的约束。因此可以说，责任意识的缺乏必然会导致一个人在事业上的不顺。而一个能够主动承担责任的人，在履行责任的过程中，经历得越多，获得的经验就越多，形成的工作成果也就越多。如果他们总是能够一以贯之地履行责任，那么得到的责任也就更多，相应地，为了履行责任而得到的事业平台也就更大、资源也就更多。

如果一个人因为勇于履行责任，获得了不同凡响的地位，那么，他们所受到的关注度就会更高，他们在工作乃至生活中所发挥的影响力就会更大。当他们拥有这样的资源时，用来进一步提升事业的能力就更强，这样的能力也更应该用来承担社会责任，并创造更好的环境，产生更卓越的示范影响，从而推动身边道德水准的提高，帮助更多人从履行责任中收获益处。因此，对责任的履行，看起来只是再简单不过的词语，而其背后的哲理，却值得人们深思。

当一名普通的员工意识到责任的重要性时，就意味着他将会不畏艰苦、努力劳动来履行自己的责任，而这样的劳动是任何成功过程中所必备的。这是因为，对责任加以履行的过程中，不仅有着员工在职场上工作的努力，同时，也应该包括他们面对生活、家人和自我时所应该抱持的态度。可以说，责任感，是当下时代的主题，是做人的根本，只有意识到这一点的人，才有资格去面对未来，塑造人生和事业的辉煌。

在这样的时代中去拥抱责任感，才能获得其他人所无法达到的成就。如果不能具备这样的责任感，职场人不仅无法在事业的挑战面前迎难而上、主动进取，同时也会辜负亲友和家人的期待，丢失自我的希望，丧失生活的乐趣和事业的辉煌。

拥抱责任感，意味着生活更加精彩、工作更加高效有序，拒绝的应该是庸庸碌碌、自甘退缩。当一个人拥有了责任感后，即使他目前只处在最普通的岗位上，都能够因为自己从履行责任的过程中感受到的工作愿景而充满工作动力，并积极实现自身岗位的独特价值。

体现责任感精神的主要方式是，首先要学会勇于担当。关于担当的故事，西方传统宗教典籍《圣经·新约》中的一个寓言表现得淋漓尽致。

有位农场主因为生意而必须去远方，临行前，他让自己的三位仆人来到面前，然后将自己家中的投资款项分配给他们。按照农场主对仆人的了解，分别授予了他们三人不同数额的款项，第一位仆人获得了5000枚银币，第二位获得了2000枚银币，第三位获得了1000枚银币。交代完毕后，这位农场主便出发了。

三位仆人对待自己手头款项的方式各不相同，第一位仆人将5000枚银币拿去做投资，赚取了5000枚银币的利润。第二位仆人没有去质疑自己为什么只能拿到2000枚银币，更没有去嫉妒前者，而是同样负责地用自己手头的银币赚到了同样的2000枚银币。但第三位仆人就不一样了，他只是将自己手头的1000枚银币埋藏起来，每天守望，老实地等待农场主回来。

农场主终于回来了，他验收了前面两位仆人，并奖励了他们，然后责问第三位仆人，仆人解释说："我担心的是这1000枚银币，所以就将它们收藏起来。"农场主便下令，退还这1000枚银币，然后将之赏给第一位仆人，他对所有人说："凡是有的，我还要多赏给他，让他变得越来越富裕；凡是没有的，我要连他现在拥有的也没收走……"

从对事业责任感高低的角度来分析这三位仆人的故事，可以从中看出不同的担当勇气对于是否能拥有责任感有着重要意义，并会表现出不同的影响效果。

第一种类型：这种员工，能力突出，具备良好的担当愿望和勇气。因此，他很容易成为企业中最顶尖的员工，也是几乎所有老板都想要拥有的员工，在行业内的成绩和地位会不断提高。

第二种类型：这种员工，虽然能力普通，但由于同样具备良好的担当愿望和勇气，因此虽然其才能无法完全获得老板的肯定和注意，但因为他具备了强烈的责任心，所以还是会有较好的发展前景的。

第三种类型：这种员工，能力相当普通，而又没有担当的勇气和愿望，甘于平庸，必然导致自己被企业和行业中内部的激烈竞争所淘汰。

如果为以上三种类型的员工展望不同的职场结果，我们几乎可以认定，第一种员工会获得事业、生活的辉煌成就。第二种员工能够得到应有的成功。而第三种员工，则始终只能旁观他人的成功，离自己的辉煌几乎遥遥无期。当然，这样的职场结果，又会反过来更加塑造出他们各自对担当、对责任的不同态度。

因此，职场人应意识到，必须要拥抱责任，必须要懂得如何拥抱责任。首先，一个人要为了责任的履行，而自我激发担当的勇气，那些缺乏勇气的人，总是不敢面对自己现在的工作和未来的变化，这样的缺乏勇气，会导致他们不愿意承担应有的责任、挑战更大的责任。其次，一个人要学会对承担责任后的成功加以憧憬，并做出具体的选择——是为了梦想中的成功而努力，还是浑浑噩噩地混下去，这会影响到员工对自身责任的态度。

只有在主观上具备勇气，在客观上期待责任，这样的人才能成为时代的骄子，真正拥抱责任，从中体会到喜悦欢乐。

工作不只是为了生存与生活

在我合作过的客户中，有这样一家外企公司，这家外企公司的领导发现，由于英语水平的参差不齐，导致了企业业务开展存在着不同程度的困难和障碍。于是，领导决定为有愿望提高自己英语水平的员工提供英语课程，由公司出钱，请来某大学的专业英语教授开课。然而，这家公司的员工对课程兴趣不大，最后确定报名的只有十来个人（大都是抱着反正是免费不如去上课的心态）。第二次上课，就有两个人请假了。教授听到消息，表现出很遗憾的态度，他告诉学员说，这样的课程是整合之后的，即使只是缺少了一两次课时，对于个人的学习效果也会很有影响，而且对于他来说也是一种损失。

“怎么会呢？教授。公司请您来上课，应该是按次数付钱的，不会按人数吧。”有位向来“自来熟”的员工如此顺嘴地说道。

教授只是笑了笑，回答说：“钱固然是工作的重要理由，但工作并不是完全为了挣钱。”

听完这个故事，我对这位教授油然产生了一份敬意。是的，人当然需要工作才能生存和生活下去，但是这并不意味着工作的唯一理由就是为了挣钱去生存、生活。职场人应该适当忘记那些单纯的物质收入层面的动力，从更深的层面去认识什么是真正的工作，工作又具备怎样的具体意义。

文学家、哲学家纪伯伦曾经说过："工作是看得见的爱，通过工作来爱生命，你就领悟了生命的最深刻秘密。"的确如此，工作并不是简单重复地挣钱，而是通过工作，来帮助个人的心智能力得到充分提高并实现其价值，从而帮助人们感受到自己生命的真正价值和意义。同时，通过工作，人们能够更好地找到自己的角色，了解自己应该怎样关爱自己、关爱家人、关爱他人和社会，这是因为工作产生价值，而当他人通过这样的价值获得了自身的满足后，作为创造价值的我们往往会感到同样的愉悦和满足。可以说，这样的工作意义，和钱无关，而同人的本性需求有关。

可以说，是否看到这一点，改变乃至决定了不同的工作状态。需要明确的是，人首先是自然动物，其次才是社会动物。所谓意义、感受，很多都来自个体人类的主观选择。例如，我们看到，有的人经历了数十年职业生涯，几乎每天都工作超过 8 小时，甚至没有双休日，但他依然在工作中保持着充分的热情。实际上这并不奇怪，因为他在享受工作中的责任感，享受工作中收获到的成就感，在这样的人看来，工作就像是心爱的朋友分享最美好的事物，又怎么不容易更好地培养自己的工作责任感呢？

反之，职场中的许多人，从早忙到晚，经常抱怨工作压力大、生活辛苦，总是感觉自己被工作压得喘不过气来。实际上，这样的疲劳感并不一定就完全来自工作的忙和累，而是因为这些人对承担工作的压力不感兴趣，对承担工作的责任没有发现足够的乐趣。因此，他们才会越来越缺失应有的愉悦感，缺乏对工作的责任心，乃至最后违背了职业道德。

因此，想要树立工作责任心、遵循职业道德，职场人应该积极发现自己工作的价值所在、乐趣所在，从而调动自己的热情和动力去提升工作效率。例如，职场人几乎都知道，“会议记录”或者“文件整理”是多么枯燥的工作，然而，那些优秀的速记员自然能够找到激发自身工作激情的方法——他们会选择每天跟自己进行比赛，先是在每天早上计算好自己速记了多少文字，或者填写了多少表格，然后下午再尽量超过这样的数字，从这样的“比赛”中他们找到了乐趣，并会产生越来越强的工作责任感。

不少人认定工作只是为了挣钱，而缺乏工作积极性，还有很大一部分原因是缺乏对工作的思考。这样的思考包括对工作意义和价值的思考，也包括对工作过程中暴露出的问题、表现出的需要的思考，一旦真正深入观察并转化为思考，职场人会发现，工作并没有表面上看起来那么简单。

因此，职场人必须要学会将工作中的经济因素抽离出来，通过有效地寻找乐趣和深入思考观察，找到最好的工作态度，为建立工作责任心和职业道德打好坚实基础。

以天下兴亡为己任

古人曾经有这样一句话：“以天下兴亡为己任。”意思是，在这个社会中，没有人应该逃避自己对社会所承担的责任。一个人如果只想到自己对个人、家庭所承担的责任，就没有办法真正在道德上自我完善，也无法通过将自身的价值贡献给社会，而产生对社会所创造的更大贡献。

同样，在今天，人们依然要考虑如何为“天下”承担起自己的责任。和古代不同，今天对社会的贡献，来自每个人做好自己的本职工作，从而创造出更加强大的企业，而越来越强大的企业群体，才能创造出越来越强大的民族和国家。

因此，身处职场中的人们，不仅应该懂得热爱自己的工作岗位，热爱自己的事业，还要看到在工作中对责任的努力，同热爱国家、关心社会无法分开，同整个民族进步的宏伟事业紧密相连。

职场中，这样的例子不胜枚举。而中航工业沈阳飞机工业集团公司原董事长、总经理罗阳，可以说就是这样一位代表人物。

1982年8月，风华正茂的罗阳，从北京航空航天大学飞机设计专业毕业，并被分配到沈阳飞机设计研究所，担任了一名普通的设计员。在这个看似普通的工作岗位上，他深刻地意识到自己平凡的工作蕴含着对“天下”的责任，努力实践工作责任，并将之和自己宏伟的“航空报国”的梦想联系起来。

在罗阳三十年如一日的职场生涯中，他逐渐从普通的设计员成长为中国飞机的设计专家，多次立功、受奖，并成为享受国务院特殊津贴的专家。2002年开始，他担任沈飞集团有限公司党委书记、副董事长，在工作岗位上恪尽职守，将自身的工作和科技强国、科技强军紧密联系在一起，做出了艰苦努力，实现了回报祖国和民族的理想。2011年开始，沈飞集团面临着大量飞机集中专场、重点型号研制等任务，面临着研制周期较短、研发难度较高、技术开发风险较高的问题，罗阳一心扑在工作岗位上，带领员工们夜以继日地工作，突破了一系列的关键性技术，在无图制造、可视化装备、复合材料制造、柔性夹持工装等技术上都取得了显著的成绩，推动了重点型号飞机的研发，并创下了新机研制提前18天就能下线，从设计到首飞仅仅用了10个月的奇迹，不仅完成了自己的职场岗位责任，而且向政府、国家、社会和民族交上了满意的答卷。

天下兴亡，匹夫有责。一个人想要履行好自己的责任，既要具备高深的业务知识、专业技能，同时也应该具备远大的理想抱负，拥有高远的眼光。这需要表现在他们进入职场的第一天之后，就看到时代、社会、国家和民族交给自己的责任。看不到自身社会责任感的职场人，很难有所作为，更谈不上真正去改变社会，做出贡献。

具体来说，职场人的社会责任应表现在以下几个方面：

首先，关心祖国命运就需要关心工作，弘扬民族精神就需要弘扬责任。国家和民族，实际上同我们每个人紧密联系，作为职场人，空谈对社会的看法，或者简单地对社会不公现象发发牢骚，并没有什么实际意义，必须要将自身的爱国热情、社会责任感转化成为做好眼下工作的能力。

其次，在工作中努力学习，既要吸收前辈的工作经验，同时也要积极了解新的工作技能、业务知识，将其用来武装自己的工作能力。21世纪，是高科技不断发展、信息不断爆炸的世纪，这种情况的变化，必然带来社会的巨大变化，也带来职场工作方式的巨大变化。因此，职场人必须要学会努力学习，提高自身的综合素质，并在工作的过程中打好基础，积极迎接来自不同方面、不同领域的职场挑战。只有这样，才能笑对困难、笑对自我。可以想象，如果每一个员工都能这样去看待自己在工作中的学习过程，职场中的空话现象就会越来越少，而乐于做实事的强者就会越来越多。

最后，积极关心社会，还需要职场人能够磨砺自身的创新意识和能力，投身于社会的经济建设浪潮中。无论身处哪个地域、哪个行业，创新都应该是企业获得利润的动力，是个人在职场上成长的动力，也是一个社会、一个民族不断跃居前行者的动力。因此，职场人必须明白，甘于保守落后，就会导致自身的畏缩不前，而不断地改变自己，才能让小到个人，大到整个社会都能够不断地拥有强大的生命力。

总之，时代要求我们关心社会和民族，同样，时代也在召唤职场人通过履行自身的工作来投身于对国家的贡献、对社会责任的分担。作为今天的职场工作者，本身是社会进步的受益者，也理所应当地、义不容辞地通过努力工作来回报社会，成为振兴民族的中坚力量。

责任体现在工作细节中

工作中，每个岗位、每个人都需要承担自己的责任。然而，责任并不一定是重大的压力，也不一定是艰苦的付出，更不应该是一种因为工作的外部环境而强加于人的义务，而是意味着工作者应该对自己负责的细微工作所做出的必要关心、必要反应。

作为一名成熟的职场人，必须懂得尽职尽责，将自己面对的再小的事情，都当成关乎企业发展的大事情来对待，不应该只是想着去完成一些所谓的“大事”，试图通过这些大事寻找功成名就的捷径，却忽视了工作中原本应该由自己承担的小责任。事实上，正如一滴水能够充分折射出太阳的光辉一样，在工作中，对那些貌似不起眼的小事情负责，往往更能够体现出职场人对于工作的态度和责任感。

下面这个案例表现出了在职场中细节的重要性：

小A和小B几乎同时进入职场，就职于同一家商贸公司。他们俩工作能力水平差不多，工作态度也相差不大，学历背景更是差别不大。因此，当部门主管老张打算在他们俩中选择一位予以提拔的时候，感到很是为难，然而，部门晋升名额只有一个。

最终，老张将小A推荐给上级领导，建议对他予以晋升，而对于小B，老张只能说再进行观察，并希望他能够更快地表现出适合晋升的能力。在失望之余，小B很是不理解，自己创造的业绩并不比小A差，工作方面也算尽心尽责，为什么无法得到向来公平的老张的青睐？于是，他私下向其他同事打听，老张知道后，主动告诉他事情的原因。

原来，在推荐小A和小B的问题上，老张有很长时间并没有拿准主意，最后做出决定，也是凭借一个很偶然的机会。那是部门的一次加班之后，小A和小B都工作到很晚才离开公司。但当小B离开后，他的电脑电源没有关掉，桌上的电灯开了一夜，桌子上的文件杂乱不堪。而小A则截然不同，他的桌子上干干净净，文件被整理好叠放在一起，电灯熄灭了，电脑和显示器的电源也都全部关闭。在这样的对比上，老张不得不做出了让小A晋升的决定。

最后，老张意味深长地说："我们的工作观上不应该有所谓的大事、小事，如何看待工作细节，决定了我们的发展前景。"

的确，职场没有所谓的小事，与其总是想着去完成一些看起来轰轰烈烈的大事情，去做出一番惊天动地的伟大业绩，不如去重视身边原本就应该由自己承担起来的小责任。正如古人所说的“一屋不扫，何以扫天下”，再小的工作，也都包含了重大的意义，而再大的工作事业，也包括了细小的责任。职场人就是要勇敢地去面对和承担这些细小的责任，而这样的责任也往往能提供给个人良好的发展机会。

因此，职场人首先要在工作中勇于承担责任，这是因为工作中不可能不需要承担责任。相反，越是看起来细小的问题，越不能轻易逃避。否则，当你养成逃避责任的习惯、缺乏承担责任的勇气后，就会在无形中不断降低自己的工作能力，导致丧失应有的进取心和责任心。其次，职场人还应该学会看到细小问题。主动发现细小问题的员工，对工作充满责任心，会积极地在同事和上司那里建立自己的负责形象，并容易脱颖而出，表现出自己的工作特点。这就需要职场人多从他人甚至领导和客户都没有注意到的方向上，去寻找问题所在，思考解决的办法。最后，职场人应该将平常的细小问题解决办法不断进行整理和积累，从而形成属于自己的工作经验，最终，面对这些细节问题时，职场人能够轻而易举地利用经验优势加以解决，这样也会为自己的职场地位和印象加分。

总之，责任不分大小，工作不分大小，都对企业和个人的发展有利。职场人只有认识到这一点，从小事做起，才能走向成功顶峰。

肩负企业发展使命

每个在职场中努力的人都有必要回答这样的问题：想要在一个

企业中有所发展，依靠什么？想要让自己的未来有更好的生活条件，依靠什么？

归根结底，这样的目标需要自己为企业创造越来越多的业绩来加以实现。只有当员工真正肩负起对企业发展的使命之后，企业才能实现其机体的目标，反过来，员工的个人目标才能实现。而员工对企业发展使命所承担的责任，可以概括为对企业利润所肩负的创造责任。

几乎任何一家市场化下的企业，都需要依靠创造利润在市场中生存下去，同样，对于身处企业这个集体中的员工来说，只有为企业实现目标的过程中创造价值、提供劳动，才能实现谋生手段，获得报酬，实现稳定的生活保障，得到较高的发展平台。

从企业的本质来看，几乎任何一家正规企业都要在成立时投入相应的资本。而资本存在的意义就是创造价值，并获取利润。因此，作为企业的员工，有必要为企业创造利润，推动企业发展，这是员工无法推卸的工作职责。如果一个职场人在自己的职位上不能为企业创造价值，产生相应的利润，也就无从谈起为企业的发展贡献推动力量，甚至可能被企业所淘汰。

著名的福特汽车公司在发展中也并非一帆风顺，当这家公司面临市场竞争带来的危机时，艾柯卡被董事会任命为总经理。他很快在自己的工作岗位上进行了雷厉风行的改革，帮助整个公司迅速走出了危机。在公司面临相当大困难的情况下，总经理艾柯卡曾经说过这样的话：“只要我在这里一天，我就有义务去忠诚于我的企业，我就应该为这样的企业尽心竭力地去工作。”虽然后来艾柯卡因为大股东小福特管理风格的问题，而离开了福特公司，但他依然为这样的工作态度指导下产生的工作业绩而感到自豪。

艾柯卡不仅用自己对企业的推动赢得了信任，获得了进取的平台，同时，他也用这样的忠诚和态度，打动了整个福特公司上下，用自己负责的精神、坚定的性格魅力征服了员工，乃至客户。

因此，职场人想要建立起自己的职场目标，就应该学会将个人在事业上、生活上的追求，同企业的长远发展目标进行融合。这就需要我们首先要做到对企业充满忠诚，为企业的发展尽心尽力。珍惜自己的工作，忠心耿耿为企业服务，这样，受益的将不仅仅是企业，同样也有职场人自己——当忠于职业、忠于岗位的责任感形成之后，就会让职场人成长为一个值得他人信赖的人，一个可以被委以重任的员工。

其次，职场人还应该形成良好的工作心态，那就是企业发展的利益高于一切。在任何工作情况下，职场人首先想到的就应该是维护公司的长期利益，将之当作自己工作的首要任务，而并不仅仅是自己个人名誉上的得失，或者一时收入的高低。当职场人学会将企业利益放在第一位之后，会对自己的职业生涯大有裨益。

当然，看重企业的利益，和看重个人利益并不矛盾。这是因为企业的利益，是实现每个职场人自身利益的基础。当企业能够实现可持续发展之后，就能直接促进员工自身利益的实现。只有企业的利益得到员工的保障，员工的利益才能得到企业的保障，从这个角度来看，员工维护企业利益，帮助企业获取利润，实际上就是在维护自身的利益。

家庭美德的核心是和睦

家以和为贵

家庭，是职场人的港湾。俗话说，家和万事兴。家庭和睦也是事业成功的基础和前提，如果一个人的家庭缺少关爱，家庭成员之间钩心斗角、相互猜疑，他又怎么可能全身心地投入工作，创造职场的辉煌？那种纷乱的家庭状态，已经成为了其事业发展的绊脚石。只有家庭和睦、温暖，才能有更好的推动事业发展的动力。

和睦的家庭，来自每个人在家庭中对于细节的良好处理。在家庭生活中，你也同样应该关心自己的每一位家人，切实考虑对方的需要才能提高其家庭生活的幸福感，并找到具体的方法去满足他们，当你在某种程度上将家人看作自己事业的合作伙伴，或者当作自己需要用心经营才能维持好关系的客户时，你的家庭关系会越来越亲密，你的工作才会越来越顺心。

可以说，家是一个人幸福的港湾，有了温馨的家庭作为后盾，职场人才能够没有后顾之忧，稳当地行走在事业的道路上。而事业则是一个人充分展示自己价值的舞台。这是因为，职场人需要成就感，需要来自家庭内外的肯定和好评，需要社会加以承认，而事业成功和家庭和睦，才能让他们真正获得这些。

我认识的一位女性学员，在一家规模并不算大的公司工作，工作收入水平不算高。但是，正因为她有着稳定的家庭，35 岁的年纪，她将工作和家庭关系处理得相当和谐，感到相当满足。

这位女士曾经和其他学员交流说："我觉得，一个人成功与否，并不应该仅仅看他的事业是否成功。事业不一定就是成功与否的唯一标准。假如一个人的家庭破裂，事业再成功，也不能说其个人就是幸福成功的。"

原来，这位女士曾经在国有企业工作，但因为效益不好，便主动辞职到民营企业找了一份销售的工作。由于善于学习、善于积累经验，这份工作让她过得相当充实，收入也不错。但是，因为工作性质的原因，下班回家总是没有固定的时间。结果，当丈夫和孩子回到家之后，他们要做饭，然后等她回来一块吃，这样往往忙到晚上十一二点才能睡觉。时间长了，自然产生了家庭矛盾。

来自丈夫和孩子的抱怨和不理解，也让这位女士很难过，她感觉自己既要忙工作，又要忙家庭，两头都忙不好。于是，经过一段时间的思考，她重新找到了一份做销售支持的工作，既利用了原来的工作能力和经验，又能够适当提高自己的收入，更可贵的是获得了稳定的工作时间，压力也不大。由此，家庭变得更加和谐，工作也顺心了不少。

实际上，和睦的家庭，还能给一个人在职场上的形象加分。行走职场，一个人的形象相当重要，而这种形象不仅仅取决于工作职位、收入，还有来自家庭的影响。在许多商业或者社交的场合中，家人都在扮演着对一个人形象至关重要的角色，家人留给他人的印象如何，显然会影响到人们对你的评价和看法。

如何将家庭和事业加以平衡，减轻自己的压力，从而获得和睦的家庭？下面的方法值得学习和借鉴：

首先，应该重视自己的价值。考虑一下自己从工作中为家庭带来了怎样的收益，同样，也要考虑家庭为工作带来了怎样的收益。如果发现其中存在矛盾，不妨改换工作，或者改换和家人相处的方式。

其次，应该设定好自己最需要做的事情。不妨将每周、每月必须完成的家事提前设定好，这样就不需要成天在工作和家庭之间矛盾不已，却处理不好时间和事务之间的矛盾，徒然地增加自身的心理压力。

最后，还应该留出一定的时间，帮助自己完成工作和家庭之间的心理转换。例如，在下班回家的路上，及时“清空”自己的头脑。下班前要设定一份明天的工作日程表，然后及时忘记工作，听一些轻松的音乐，在家庭中尽量忘记工作。

孝道文化新理念

什么是孝道？孝道并不仅仅是法律上规定的对老人应尽的赡养义务，而是社会传统的道德价值取向。孝道，可以看作一种心理契约，尽管这种心理契约并不一定必须要用文字书写下来，但是显然铭刻在每个人的理念中。当父母生下我们，实际上就给了我们每个人生命的权利，同时，我们也应该由此而承担孝顺父母的义务。如果违背了这样的义务，就会因为违反了心理上的契约，而受到自身良心和社会道德的谴责。

职场中，很流行说“人脉就是财脉”。的确，人脉就是桥梁，事业应该行走在这样的桥梁上。但是，当我们搭建这些桥梁时，免不了出现一些无用的桥梁，不仅浪费时间，也浪费金钱，甚至浪费生命。不少人只是盲目地去搭建桥梁，却忽视了其质量问题，不少人手中的名片一大沓，真正能够运用的却没有几张。实际上，作为一名追求事业的人，最不应该忽视的人脉，就是自己家庭的人脉，最应该用来提高人脉的方法，归根结底在于“孝道”。

一般来说，人脉圈由下列五大人脉圈组成：家族人脉圈、家庭人脉圈、公司人脉圈、客户人脉圈和朋友、同学的人脉圈。其中，核心的人脉圈包括家庭人脉圈，即孝道文化指向的人脉圈，而其他人脉圈都需要以这一人脉圈来作为圆心。如果核心人脉圈出现了质量问题，就会导致问题不断出现。

这是因为，一个对给予了自身生命的父母缺乏孝心的人，很难真正发自内心对企业的老板予以应有的尊重，对其正在从事的事业也难有应有的忠诚。相反，一般来说，那些孝敬自己父母的人，也大都会真诚地对待老板和事业，看重客户和同事。这是因为他们往往会担心因为无法努力工作而丢掉自己未来发展的基石，失去应有的经济能力和财务自由来孝敬老人，更会担心自己因为事业和生活上的不顺利而让父母担心。

同时，孝道文化还会要求一个人听从父母的教导，吸取父母的人生经验。必须承认，父母所奋斗的时代环境和今天的职场环境在诸多因素上已经迥然不同，但是，人性也好，人际关系也好，生产服务和经营的本质也好，并没有太大的差异。因此，职场人应该重视父母所提供的引导和教育，做到充分吸收他们的传统智慧，并认真听取他们的意见。这才是真正的尊重，真正的孝道，是由内而外地提升自己的人脉质量，有利于职场人走向成功的职场和家庭。

职场人应该看到，现在的社会在强调竞争意识的同时，也越来越重视孝道对于人才的重要意义，越来越看重对孝道的肯定和认可，不少企业更是将孝道作为挑选人才、任用人才的重要条件。

2005年7月，甘肃省一家规模很大的民营企业，在《兰州晚报》上公开刊登了招聘广告，其中招聘的内容是“高薪诚聘集团公司副总经理1名，45岁以下，本科以上或者相当于本科学历的自学成才者。品行端正，孝敬父母……”

广告中，这一条关于孝道的条件，引发了社会的广泛关注，也引发了不少争论。在这件事情上，不用过多看重争论的结果，社会和企业都在呼吁人们去弘扬孝道，已是不争的事实。相信随着社会的发展，将来越来越多的企业在招聘和考核员工的时候，不仅希望员工能够具备高超的业务知识和工作技能，也希望员工能够具备应有的责任感、孝心，这将是不争的事实。

那么，职场人应该如何具体地去孝顺父母呢？

首先，要做到敬奉父母。赡养和尊敬父母，是人类的天性。孔子曾经说过：“父子之道，天性也。”这就是说，无论父母培养教育子女，还是子女奉养父母，都是人类的天性。因此，孔子提出，子女在日常的生活中，应该多用尊敬的心情去对待父母，父母生病的时候，应该用担忧的心情去照料父母，这样，才能算是真正懂得孝道的人，才能体现人应有的纯真本性。

当然，目前的职场人工作压力大，生活节奏快，可能无法做到像古人那样的孝道。但是，发自内心地尊重父母、敬待父母，是职场人的正确选择，而不能仅仅看重物质上的赡养。一些职场人试图用金钱去弥补对父母在孝道上的亏欠，这样的想法固然可以理解，但并不值得效仿和自豪，而应该加以切实地改变。这是因为，父母更需要的并不一定是金钱，而是发自子女内心真正的看重、敬意和牵挂。

其次，对父母的孝敬和对企业的忠诚，应该是相通相近的。将对父母的孝心，转化成为对企业的忠诚，将对家人的责任感推及为对事业的责任感，这样才是正确的孝道观点。实际上，在今天的市场经济中，“忠孝”同样可以两全，是一个人美好品质在不同环境下的不同表现，小我和大我的本质是相同的。

最后，职场人还应该懂得将孝道的内涵推及他人。古人曾经教诲人们“老吾老，以及人之老”，意思是在人与人的相处过程中，应当学会推己及人，将自己对老人的尊重推及为对他人的尊重。因此，今天的职场人应该学会将尊敬自己老人的美德，推及为对上司、同事和客户的尊重，兼顾他人的利益，相互尊重和爱戴，做到真正的和谐共处，形成良好而健康的职场道德环境。

传承孝道文化的感恩教育

孝道文化，归根结底是一种对个人充分有利的文化行为。这是因为，任何想要有所成就，选择较高生活质量的人，都应该了解和遵循自己正常的情感原则，而孝道所代表的情感，是一个人正常的情感底线。反之，不能尽孝道，就说明这个人缺乏正常情感，乃至不会感恩，对父母不会感恩，也很容易对世间所有人、所有事都不会感恩，这种缺乏感恩思想的人，是很难有真正的成功和幸福的。

因此，孝道代表着感恩，而感恩的特点也来源于孝道。

不懂得什么是孝道内涵的人，会将来自父母、家人的关爱看作天经地义，认为是他人必须为他做到的，是不需要铭记，更不需要回报的。相反，一旦这样“理所当然”的爱有所欠缺，这样的人就会感到各种不满、诸多怨恨，认为这是整个世界对他的亏欠和伤害。很显然，整天陷入怨恨中的人，既不懂得孝道，也不懂得感恩，对己、对人、对企业、对社会乃至对民族和国家，也无法做出建设性的贡献。

有位旅美企业家，曾经和我交流过这样一个故事：

企业家曾经住宿在洛杉矶的一家旅馆中，早晨，他在大堂餐厅用餐，发现自己前方的餐桌上，有三位黑人小朋友，正在餐桌上埋头写着东西。在餐厅里写作业？企业家觉得奇怪，就走过去问了问。

没想到，当问及孩子们在写什么时，他们认真地回答说自己在写感谢信。那副认真的神态，让企业家满心疑惑。三个小孩，清早起来就写感谢信，写给谁呢？孩子们回答说，写给妈妈。企业家更加感到奇怪，究竟是怎样的内容呢？于是他仔细地看了一眼这些孩子手中的纸张。原来，老大在纸张上写了八九行字，妹妹写了五六行，而最小的弟弟却只写了两三行，其中的内容很有意思，诸如“今天看见的野花真香”“妈妈做的比萨很好吃”“昨天妈妈说的故事很有意思”之类的简单语言，却让企业家感动不已、内心一震。原来，这样的感谢信并不是像企业家所想象的那样，专门感谢他人给自己带来了多大的益处，而是感谢他们最熟悉和最亲近的母亲所带来的幸福的点滴。

可见，虽然这些小朋友还不清楚什么是真正的感恩，但他们已经知道对于每一件美好事物都心存感激，对自己获得的关爱和帮助能够予以感谢和回报，这样，他们未来走入社会、从事事业时，才能具有相互理解、相互帮助的良好心态。

事实上，不少企业都强调员工应该具有感恩精神，强调员工对企业的感恩、对客户的感恩，也强调管理者对下属的感恩、对团队的感恩。但是，仅仅依靠外来的感恩教育，并不能够帮助职场人完全获得感恩的良好习惯和精神内涵，而是要依靠孝道中带来的感恩文化，来帮助职场人形成一种生活态度，一种善于发现关爱、发现美并予以欣赏和回报的道德情操。

无论在生活中还是在工作中，都需要感恩的精神。只有怀着感恩的心态，职场人才能超越冷漠和麻木的工作状态，只有拥有感恩的习惯，才能在享受父母、家人、朋友、上司、同事和客户的帮助指导时，不会觉得理所当然，而是会试图用同样的关爱方式来回报这个世界。通过孝道的文化自我教育和自我修养，获得感恩心态后，职场人才能够做到不埋怨、不退缩，用自己的方式工作和生活，努力对关爱进行回报。这样，才能更加珍惜自己的幸福，才会发现世界的美好。

蕴藏在孝道中的感恩文化，应该首先通过具体的行动来加以吸收和学习。例如，在忙碌之后，可以给父母做一顿饭，或者陪他们说说话、散散步，为他们过生日，带他们出去旅游等。甚至只是打一次电话，或者教会父母在网络上和你视频联系，让他们接触新鲜事物并从中感受到快乐，都是职场人最好的孝道感恩行动。

其次，感恩文化的自我渗透，让我们能够用知足心态去观察和珍惜工作中或生活中的人际关系、事物环境。通过感恩，可以让职场人发现生活中的丰富多彩，品味工作中的收获。而获得这样的心态，人们就应该首先从父母、家人开始，去予以真正的感激，这样的态度会逐渐影响到他们的工作，并能够消除不应有的怨气，从而体会到生活的美妙。

最后，孝道文化中的感恩心态，应该形成对企业工作中的责任感。孝心中的感恩，意味着对责任的承担、对回报的获得，这是一种卓越的品质。对于那些能够真正承担父母幸福的人来说，企业中的那些工作，也同样应该予以承担。因此，孝道文化应当帮助人们直接形成正确的价值观和责任观，才能理解怎样去关爱企业的财富，看重企业的未来，并将企业看做一个“家”，形成至关重要的联系感。

个人品德的核心是友善

个人的品德为何如此重要

古代的人生哲学典籍《菜根谭》中有这样一段话：“德者才之王，才者德之奴。有才无德，如家无主而奴用事矣，几何不魍魉猖狂。”用今天的思想来理解这段话，即个人品德是个人才能的主宰，个人才能是个人品德的体现。如果一个人只有才能，而没有良好的个人品德，就如同一个组织只有下属而没有核心领导者，这样的组织怎么可能获得发展呢？可以说，这个观点很好地看到了个人品德的重要性，更是告诉我们，职场人生中，有才能固然重要，但个人品德应该放在第一位。

固然，每个企业对员工的“德”和“才”都有自己的不同看法和标准，但是，我们依然能够发现，生产不同产品、提供不同服务的企业，却大都同样重视员工的个人品德，甚至惊人的一致。因此，一个拥有了良好个人道德修养、职业信誉的人，其工作才能的运用，能够得到同事、客户和上司、组织的赞许，甚至即使一些技术表现得并没有那么精湛熟练，但由于其具备了良好的个人品德表现，依然能够得到周围的支持和帮助，最终获得相应的认可。

美国通用公司前总裁杰克·韦尔奇曾经描述过四种不同的员工：

第一种员工，既能够实现组织的目标，同时又能够认同组织的价值观。这种员工可以说是德才兼备，在组织内的前途自然相当远大。

第二种员工，既不能实现组织目标，又不能实现组织价值观，其前途和第一种正好恰恰相反，很难被组织包容和支持。

第三种员工，暂时无法实现组织的目标，但是能够认同组织的价值观。这样的员工通常会根据其各自能力情况的不同，获得相应机会，并很有可能最终成功。

第四种员工，也是最让杰克·韦尔奇反感的员工，是就是那种虽然能够完成组织目标，取得明显的经营业绩，却没办法对组织价值观加以认同的人。在他们的团队中，他们往往因为个人品德标准和整个组织的不同，而表现得相当专制和独裁，同时也无法在团队中拥有良好的人际关系，形成对企业价值有意义的互动。对这样的人，杰克·韦尔奇指出，在“无边界”行为即和谐、良好的互动正在成为越来越多企业的价值观的情况下，他们绝不应该被允许存在于组织内。

同样，中国著名的民营企业华为公司的总裁任正非，在他的

《华为的冬天》一文中也提出：作为企业家，在提拔干部时，首先不能去看技术，而是要看他们的品德。所谓员工的品德，应该是敬业精神、献身精神、使命感和责任心。一个有着良好发展前途的企业，用人标准必然是坚持“德才兼备”的政策。

如果对杰克·韦尔奇和华为的人才政策加以具体解释，可以总结为：德才兼备的人，予以重用，能够得到迅速升迁，其发展空间能够一直升迁到总裁级别。有德而才华低，那么加以不断培养使用，逐渐磨炼成熟。有才而无德，很可能因为其个人利益而带给企业麻烦，对这种员工要加以教育乃至限制。无才而无德的员工，显然对企业难以有什么帮助，因此应该不容于企业。

了解企业的领导人如何看待员工的个人品德，我们才能意识到为什么说个人品德是个人核心竞争力的重要部分。这是因为，在企业中，德才兼备者从绝对数量上来看大都属于少数，他们具有很高的职业道德水准、很强的工作创造能力，能够主导企业的发展和组织的变革，是企业的核心力量，也是企业重点关注的对象。但是，大多数人都属于后面的三者，即在道德或才能上有所缺点或者在两方面都有缺点。问题是，企业会对他们各自的缺点进行分类和归纳，以便区分哪些员工是可以重点帮助，哪些员工是会被“一票否决”，显然，那些个人品德有问题的员工，比起能力有所欠缺的员工，在这样的分类和归纳中更加危险。

实际上，个人品德之所以如此重要，主要来自以下考虑：

首先，一个人能力越强，其肩负的责任应该越大，但如果没有良好的个人品德，其能力有可能带来更大的损失，反而无法肩负起应有的责任。

其次，在现代的经济社会中，组织内部的分工趋势越来越细致和专业，这样，每个员工的岗位都是具体负责整体工作中的一部分，这种组合化的趋势，意味着对个人员工的依赖程度大大降低，而个人也很容易被其他员工所取代。这样，那些道德品质不佳的员工很难因为其才能而始终停留在重要的岗位上。同样，由于技术的发展和工作程序的完善，工作质量对个人能力的依赖已经不如以前明显，而企业家们更看重的是个人的工作态度，而这恰恰是由个人品德所影响的。

可见，个人品德在你行走于职场的过程中，始终发挥着重要的影响，具有重要的价值。

才能是核心竞争力

每个职场人显然都不愿意甘于默默无闻地在普通岗位上工作一辈子，也不愿意毫无业绩地平庸下去，而是都希望能够获得属于自己的事业成就。然而，为什么同样的人品道德标准下，有些人能够获得成功，有些人却总是不断遭遇失败？这其中，除了各自道德素养之外，更能影响工作业绩的，就是和人格品质相结合的工作能力。

在竞争日益激烈的职场中，没有能力就意味着个人品质道德无从表现，个人的核心竞争力有所缺失。这是因为，工作能力是职场人的核心竞争力，企业的发展很大程度上取决于员工工作能力的高低。一个员工即便智商再高，人际关系处理得再好，表现出来的道德魅力再吸引人，如果缺乏完成业绩的实际工作能力，不能解决实际业务中发生的问题，是不能赢得上司的青睐和企业的晋升机会的。

其实，工作能力的高低，并没有职场人想象中的那么复杂。身为一名员工，如果能高效地解决企业面临的问题，为企业发展做出应有的贡献，促进企业的迅速发展，便能够充分体现出自己的能力，拥有自己的核心竞争力。因此，不要盲目地看轻自己在企业内的地位，也不要觉得现在的岗位无法表现自己的能力。只要职场人真的有能力为企业创造出应有的价值，就能凭借着竞争力，在企业中崭露头角。

日本曾经有一名从事邮差工作长达25年的邮差，名叫清水龟之助。他的日常工作，就是将各种各样的邮件，定时分发到不同的家庭。这样的工作看起来同那些名声显赫的企业家、学者和科学家们难以相提并论，但清水龟之助依然获得了日本的“终身成就奖”，并得到了这样的获奖评价：他很平凡，但他很快乐。政治家能够改变国家命运，企业家能够增添社会财富，而清水龟之助能够给居民带来快乐，须知，快乐是无法用金钱购买的。

清水龟之助之所以能够获得这样的殊荣，不仅因为他有着良好的职业道德品质，能够以严谨的态度对待工作，更因为他在日常工作中，凭借自己对工作的摸索和总结，形成了一套良好的工作方法。这种方法表现在其25年的工作生涯中，成就了一个了不起的业绩：从未投错过任何一封信件，从未延误过任何一封信件。

在长达八千多天的时间内，不投错任何一封信件，相信仅仅依靠个人品德是无法做到的。然而，清水龟之助用他的工作道德和工作能力做到了。无论是狂风暴雨，还是冰天雪地，甚至在遭遇地震期间，他都能做到准时准确地将信件投送到收件者手中。在这样的岗位上，清水龟之助拥有了自己的出色工作能力，奠定了属于其自身的核心竞争力。

通过这样的案例，职场人应该清楚，再简单平凡的工作中，都有着表现和锻炼能力的契机。因此，职场人首先应将简单的工作看成能力的表现形式，如简单的文件处理、电话的接听、客户的接待、不同的书面材料编写、事务报告传达、市场的调查等，都能够成为员工锻炼和展现能力的机会。其次，职场人还应该学会用职业道德来推进职业能力的进步，以责任心来不断提醒和强化自己表现工作能力的动机，这样，才能做到德才兼备、才华过人。

“八荣八耻”之思

2006 年 3 月 4 日，中国领导人提出了“八荣八耻”的理念，围绕这一理念所代表的社会主义荣辱观，社会上开展了引导和塑造广大民众的价值观教育活动。

“八荣八耻”的具体内容是：以热爱祖国为荣，以危害祖国为耻；以服务人民为荣，以背离人民为耻；以崇尚科学为荣，以愚昧无知为耻；以辛勤劳动为荣，以好逸恶劳为耻；以团结互助为荣，以损人利己为耻；以诚实守信为荣，以见利忘义为耻；以遵纪守法为荣，以违法乱纪为耻；以艰苦奋斗为荣，以骄奢淫逸为耻。

在“八荣八耻”的核心精神中，坚持了为人民服务的核心，并秉持集体主义的原则，引导人们做到爱祖国、爱人民、爱劳动、爱科学、爱社会主义的基本要求，从而做到摆正个人、集体和国家三者之间的关系，正确处理好人际关系、个人和社会的关系、竞争和协作的关系。

实际上，“八荣八耻”的相关活动，不仅是一种教育和引导，更应当促使职场人产生深刻而现实的反思。这是因为，职场生活是我们每个人生活的重要组成部分，而一个人的职场价值观如何形成，会对其整体的道德观、价值观产生重要影响。因此，正确的职场价值观的养成不能不予以充分重视。

职场价值观的养成，应该是在评价职场中不同可能性的基础上，选择正确的个人努力目标，然后通过职场人自身的行动方向、评价态度加以反映的。这种价值观，能够驱使职场人做出正确的工作行为。具体来说，对于不同的职场人而言，什么样的岗位有价值，什么样的工作有前途，选择怎样的工作态度，按照怎样的工作模式，都是由职场价值观决定的。不同的是，职场价值观如果能够同整个企业的价值、岗位的价值相吻合，个人便能够获得利益。

因此，在工作过程中，职场人应该以“八荣八耻”为本，并在具体层面做到了解上司、企业的价值目标，才能懂得自己应有的进退，创造企业和自己的双赢互动。

不妨看下面这个例子：

大学毕业以后，小彭选择在一家金融公司上班。虽然每天的工作量不大，在当天就能够完成，但是小彭觉得，自己追求工作质量，时间上无所谓——反正自己也没谈恋爱、结婚，老家也不在这里。于是，小彭便每天选择下班以后加班。

小彭的加班引起了其他同事的侧目，不少人偷偷议论，说他下班以后不走，占用公司资源完成本来就应尽的工作责任，还有人说小彭是有心眼，知道用加班来表现自己。有的同事曾经暗示，说这家公司并不提倡加班，而是强调及时完成工作任务，如果需要加班，部门会集体加班或者由部门领导加以通知。不过，说到加班，小彭的上司也并不非常欣赏，甚至直接找到小彭，建议他好好在工作时间内完成自己的任务，而不要靠加班来完成工作。否则，很容易造成效率低下的习惯。

案例中，小彭以为靠加班就能获得上司的信任、同事的认可，但事实上，他的工作习惯表现却和上司、部门和公司提倡高效率的精神相违背，并非合适的职场价值观。因此，职场人应该学会了解和掌握企业的“荣辱观”，这也就等同于明确了企业的价值观，看懂了企业的文化。

为了找到准确的职场价值观，职场人首先应该学会多和同事、上司积极地交流，敏锐地对公司的文化价值加以学习和把握，并在这一过程中积极对自己的工作进行总结、分析，找到自身工作价值的同时，比较自身和企业的价值观之间存在哪些共性、哪些不同，并积极做出调整，从而符合整个集体的价值观。

其次，职场的价值观可以通过有效的测试来进行自我了解，结合一些职业测试，职场人能够了解和明确自己的职业价值倾向。而了解目前的倾向，其主要目的是为了围绕“八荣八耻”的基础价值观，建立正确的职业价值观。

最后，职场价值观应该符合最基本的荣辱标准，即将对企业有利、对社会有利、对自身发展有利的事情看作荣誉，而将不利的行为方向看作耻辱。这样，才能在职场和生活中获得紧密的联系，既能了解做人的道德标准，也能做出良好的职场表现。

【下篇】职业素质培养

第三章

先成人，后成长

——以生命与成长为起点，优化你的职业资本

重新认识你自己，先做人，后做事

你是堂堂正正的人吗

在职场中，激烈的竞争是无法回避的。要在这样的过程中成长，其关键是什么？有人认为是智商，也有人认为是组织管理能力、沟通领导能力……显然，这些都是成长所必需的条件。但除此之外，一个人想要攀登高峰、获取更大的成功，还需要最重要的因素——认识自己。

什么是认识自己？认识自己，就意味着能够用高标准来观察自己，判断自己的优点和缺点，而这样的高标准更多地指向于道德层面。只有当职场人能够确认自己是堂堂正正的人之后，他才有可能在工作能力等方面同样树立起高标准要求自己，让自己不仅能做好人，更能够成为人才。

堂堂正正，意味着成为公正刚直的人。其中，所谓正，就是为人处世的根本不能发生偏斜；直，就是要拥有坦率公正的本质。做

到正，行走于职场上就能做到品行端正；做到直，行走于职场上就能做到道德健全。因此，正是堂堂正正的人具备的最基本的条件，走在正确的竞争道路上，采用正确的竞争方式，才能堂堂正正地做人，拥有成功和幸福。

曾经参加过笔者的课程培训的小徐和大家分享过这样的亲身经历：

2008 年年初，小徐所在的企业进行了一年一度的晋级加薪评定工作。在 2007 年，小徐所在的部门发生不少人事状况，有两个女同事怀孕休产假，两个同事下车间实习，剩下真正工作的不到五位员工，小徐承担了两三个人的工作量。一年辛苦工作以后，小徐自信满满，业务上获得了不小的成绩，觉得自己有晋级的可能。没想到，当结果出来之后，是同部门的小章提升了薪资。小徐明显很不高兴，坏情绪表现出来，但部长却劝慰他，说小章虽然工作的业绩没他明显，但她身为女性，老家又在外地，家里经济情况不好，弟弟又要上学……考虑到这家企业的国企传统氛围和部长的好心肠，小徐也就妥协了。

没想到，到了 2009 年年初，小徐又辛苦工作了整整一年，再次认为自己有机会获得晋级可能的时候，部长再次找到他面谈，说原本确定了他的晋级名额，但是部门里的小陈是一位重要客户的“关系员工”，这次，重要客户很想看到小陈得到晋升的资格……说完后，部长也只能摇头叹息，说碰上这种事情，自己也没办法，小徐你还是多想开一点，再等等吧。

然而，小徐的情绪始终被这件事情所干扰，觉得自己工作上辛苦付出没有得到领导应有的肯定。这也让他的工作态度无法得到有效缓冲，相当郁闷，一坐到办公室里就感到烦闷不已，甚至觉得认真工作也没有多少意义。过了不久后，小徐开始试图投递简历、另谋出路，也有些企业打算将他挖走，但前提是他要能带过去有用的“资料”或者客户。

其间，小陈的一位老同事对他说了一番话。他的建议是，跳槽是正常的职业选择，但是没必要在这样的低谷时期走开。在这特殊时期走开，不仅对自己意味着失败、逃避，更意味着对不公正待遇所产生的歪曲心态。更何况，如果这时候离开，还有可能产生诸如涉及企业之间不正当竞争的问题。离开的时候，应该光明正大，才能到更高、更稳定的平台，不断获取进步，获得成长和成熟。

这一番话，让小徐豁然开朗，明白了自己应该选择怎样的出路——先做人，后做事，做一个光明正大的职场人。即使要离开，也应该找到符合职业道德、职业标准的离开方式。2010年，小徐获得了更高的工作业绩，然后选择和一家正规猎头公司合作，跳槽到一家规模更大的外资企业，没有牵涉任何企业之间的问题。

可见，职场人应该做好自己，认清楚自己，才能做好职场上的工作。这需要他首先了解自己掌握了怎样的权力，站在怎样的工作岗位上，创造了怎样的价值，然后了解这些权力、价值所带来的应有的责任，并认真地履行和实践。最重要的是，清楚其中的原则，并切实遵守，这样，才能做一个堂堂正正的职场优秀者。

人要不断改进和前进

一个拥有良好工作品质的员工，必然会在工作中不断追求更好的表现、更高的能力。因此，职场人应该积极努力向更加完美的标准迈进，让自己在不断地改进中变得更加优秀。

人之所以要不断改进和前进，是因为甘于平凡并不意味甘于平庸，更因为甘于平庸意味永远会无所作为。不妨看看下面案例中的两个员工，思考一下他们各自面对怎样的职场状况，我们就会明白改进和前进的必要性。

某家建材公司有两位销售业务员，一位是小刘，一位是董成。

小刘入职不久发现，这家建材公司的状况和自己想象的就职氛围有一些差距，但是，他并没有因此而灰心。他认为，只有看清楚现在所处的环境，重新确立目标，然后寻找工作动力并全身心投入到改进和前进的方向上，做到全公司最优秀的员工，将热情和活力投入到工作上，传递给每一位同事、每一位客户，这样，才是对自己的提高和改进，才是对自己负责。

小刘的不懈努力最终得到了回报，两年后，他被破格提升为业务部经理。

董成和小刘几乎同时开始业务工作，但是他的追求和小刘大不一样，他看到企业目前的状况并不太好，加上自己在企业内也没有受到多少重视，于是，消极怠工成了他工作的主旋律。有时候，每月固定的销售任务没有完成，他就会找到不同的理由加以应付解释。开会迟到，他会说，交通太不方便，又堵车了，再说迟到过的又不是我一个人。

在董成看来，自己只要做好基本的工作，把事情应付过去就行了，从没有想到让自己变得更加优秀。结果，一年多后，董成就被辞退了。

两个身处同样环境的职场人，虽然做着类似的工作，却无法获得同样的结果。其原因就在于是否意识到对自我的改进和前进。在职场中，有一些人的确存在着不思进取、难以改变的坏习惯，并因为这样的习惯而躲避竞争、不求进步。

实际上，职场人想要真正拥有良好的工作品质，想要让工作获得成绩，取得人生的成功，就必须要树立“向前看”的理念。真正愿意努力去改变自己，适当地调整做法，激发自己的潜力，那么，人生就不会陷入困境而无法自拔。

如果职场人想要成为企业中的优秀员工，则有必要做到如下的改进，从而促成自己的前进：

首先，是学会改变自己的“口头禅”。不要总是说“我又上了一天班，太累了”，而要学会说“今天真充实，我很快乐”；不要总是说“他们怎么不想办法”，而要说“我应该怎么办”；不要总是说“文件总是那么多”，而要说“我应该先把手头的整理完毕”。这些口头禅会不断地给自己带来良好的心理暗示，激发自己改进和前进的动力。

其次，要学会在工作中培养积极心态。例如，走路步伐加快，多看和职场有关的正面新闻，多和优秀员工、心态积极者一起工作、交流，晚上多和家人分享职场的经历等。

最后，学会更加努力、更加有目标地工作。不妨每天增加一点工作时间，或者观察自己的工作效率有没有超过原先的自我。同时，要勇于竞争，勇于向企业奉献力量。当职场人因此而体会到被重视的快乐后，会很快树立积极向前改进的工作品质。

找到自己的职业定位

对职场人来说，拥有准确的职业定位，无疑是个人在职场发展的一盏明灯，能够为自己找到未来的发展道路和方向。在竞争激烈的职场上，一个人越是能够清楚自身所拥有的资源、可以利用的优势，就越能清楚自己应该围绕个人核心优势去明确发展方向，因此更加容易实现成功，也更容易养成良好的职业道德。

在无数成功案例中，世界首富巴菲特曾经的职场生涯则很好地证明了这一点。

在27岁之前，巴菲特曾经换过许多工作，从做销售员，到担任企业的法律顾问，又成为一家小企业的管理者，在这样的工作转换过程中，巴菲特最终发现了自己的优点——对数字敏感、耐心而仔细。这样，他将自己的职业定位在一名投资家上。在明确的职业定位下，巴菲特拒绝了来自其他职业方向的诱惑，同时也坚持忍受住了艰苦奋斗的压力，遵循自己的职业发展道路不断前进，最终成就了一番伟业。

可想而知，正是因为巴菲特对自己有了准确的职业定位，找到了既符合自身性格又能发挥所学的事业，他才能够形成良好的职业道德和追求，获取事业进步的动力。如果他不是在曾经经历过的失败过程中，抓住改正错误的机会，重新定位自身的工作，那么，他最终将会才华泯灭、潜力丢失。

职业定位，能够为职场人带来明显的好处，帮助每个人将个人的梦想、价值观、人生目标同现在应该采取的行动加以协调一致，从而去除那些可能引发注意力分散的细枝末节，保证自身的优势和资源获得最高效的整合，从而能够向着职场成功的最高目标迅速前进。而这同样也是每个职场人获得道德上升华圆满的必要保证。

首先，良好的职业定位，能够准确持久地令职场人获得大发展。不少人在事业上发展不顺，并非因为缺乏能力，而是选择了并不适合自身的工作乃至行业，他们并没有认真思考“我是谁”“我适合何种工作”，也并未真正了解自己想要什么，于是，其中不少人将时间和精力花费在了自己并不容易产生业绩的工作上。

其次，定位好自己，可以善于利用自己的资源，能够让发展精力得以集中，而不是盲目地多方位出击。

再次，定位准确，能够帮助职场人抵抗来自外界的干扰，而不会轻易放弃自己的目标，更加容易形成良好的坚持不懈的职业道德品质。

最后，定位准确，还能够以此影响职场中上级和外界对你的印象与判断，从而让集体、领导和同事更迅速、更全面地了解你，并产生更加充分的信任，且委以重任。

为了准确找到自己的职业定位，职场人可以通过下面的步骤实现：

首先，需要了解自我。即需要职场人能够充分了解自身长处和自身工作的方式，正确评价自身的工作核心价值观、个性、能力、工作经验。在此基础上，问清楚自己想达到怎样的工作目标，如何达到这样的目标。这样，才能真正了解自己、选择未来。

其次，要充分了解职业。职业定位是双向的，仅仅了解主体，而不了解客体是不够的。了解职业，如职业的工作内容、知识水平要求、工作技能要求、工作经验要求、工作环境要求、工作性格要求等。在此基础上，能够进一步仔细分析、比较目前自身和职业要求之间的差距，从而根据自身特点，仔细权衡选择不同的职场目标，并根据现实条件来确定如何达成目标。

最后，职业定位还需要职场人的充分规划。职业定位只有明确细节，才容易成功，认真思考自己每个阶段的发展目标，寻找好方向，这样才能规划好前进的步骤，避免盲目和错失良机。

总之，职业定位的过程，是让职场人更加明确自我的必要步骤，如何起步，将直接关系到职场人的未来，因此，职业定位不可不慎。

如何定义真正的成功

职场上，人们总是在谈论成功，对成功的论述难以胜数。然而，人们总是被自己或者他人的经验所蒙蔽，久而久之，习惯了那些道听途说而来的“成功经历”，将之看作必须要加以遵循吸收的经验。但事实上，每个成功者所处的历史环境不同、客观条件不同，个人的才能机遇也不相同，因此，每个人的成功经验都带有浓厚的个人色彩，无法完全模仿。与其单纯地模仿别人的成功，不如首先确定什么是成功，清楚怎样才能成功。

生活中，不少人觉得成功是一件无法完全说清楚的事情。之所以有这样的观点，很可能因为他们未完全真正理解成功的含义。从字面上来看，成功很容易理解：达成预期的目标。

来看看一位背景毫无亮点的普通人是怎样在职场上取得成功的：

美国有位叫福勒的黑人小孩，他家住在路易斯安那州，是穷苦的佃农家庭。福勒从5岁开始就干农活，9岁开始赶骡子挣钱。对于农家孩子来说，生活大都是这样的，其中许多孩子也甘于这样的命运，并不会树立什么大的人生目标。但是，在母亲的影响下，小福勒认定，自己家的贫困可以改变，但在改变之前，自己需要树立一个目标并加以实现——让家庭变得富裕起来。

带着这样的目标，福勒决定学习经商。最后，他决定选择销售肥皂，凭借这样的念头，福勒成为了肥皂流动销售员，叫卖了12年之久。后来，他听说肥皂供应商打算拍卖生产肥皂的公司，售价是15万美元，而福勒自己只有辛苦攒下的2.5万美元。于是，他果断地决定，先将这2.5万美元付给对方作为保证金，然后在10天内付完剩余的12.5万美元，如果过期付不出，将会丧失那笔保证金。福勒冒着这样的风险，积极行动，直到第10天之前的那个晚上，他已经筹集到了11.5万美元，还差最后的1万美元。在深夜中，他沿街寻找，走过几条街之后，发现一家还没有关灯的承包商事务所，那里的写字台后坐着位正在熬夜工作而略显疲惫的经理人。福勒内心放松下来，清醒地意识到自己应该勇敢地走进去说话。

福勒毅然走进房间，说："先生，你打算多赚1000美元吗？"

那位经理人吃了一惊，但听到数字后，本能地说道："当然了，朋友。"

福勒听见“朋友”这两个字，感到信心大增，便继续说道：“那么，请您现在帮我开一张10000美元的支票吧，当我奉还借款以后，我会多给您1000美元作为利息。”接下来，他拿出所有借款给他的人物名单、亲笔签字的借款单等一系列材料给这位经理人看，并且详细地解释了自己这次投资的具体情况。经理人很感动，于是决定支持他。这样，福勒如期获得了购买肥皂企业的资金，而有了这家企业生产，加上他的营销网络，后来的一切都很顺利地发展起来。

对于福勒来说，他从自己的行动变化中明确了成功的定义。在最贫穷的时候，他树立了摆脱贫穷的目标，这就是成功；在12年的销售工作后，他树立了收购企业的目标，这就是成功；在还需要12.5万美元的压力下，他树立了10天克服困难的目标，这就是成功。福勒从没有想过空泛的成功，但他每一步都在走向成功。

因此，定义成功是成为一名优秀职场人的前提，而定义成功并没有那么困难，具体来说，包括以下四层基本的含义。

首先，为自己找到一个预期目标。没有目标，成功就只能是空谈。不同的人期待着不同的目标，同一个人不同阶段期待的目标也不同，因此，成功内容需要因人而异，但一定要符合自己的需要。

其次，让自己实现这样的目标。或许在他人看来，职场人已经较为成功，但实际上，你更应该仔细考虑自己是否已经实现预先的目标，并明确自己是否真正地成功了。

再次，成功应该包括个性特征，有着自我的标准。如果太执着于他人眼中的成功，很可能导致你失去“个性的成功”，甚至降低自己原本应有的职业道德、个人道德去逢迎他人眼中的成功。因此，职场人想要既有事业上的成功，又有道德品质上的坚持，就必须懂得为成功寻找自己的标准。

最后，成功这一概念是有其量化标准的。在目前这个时代，成功这个词已经被用得太多，但很少有人真正懂得自己想要的成功具有哪些数字特征。因此，不妨为自己的成功制定出一系列的数字，比如完成多少业绩、累积多少客户、积攒多少财富等，这样，成功才具有可行性与实践性。

提升职业素养的十大层次

地狱层次——无恶不作

如果用传统宗教和民间文化来形容职业素养中最差的那一种，那么，“地狱层次”显然指向的是最缺乏职业素养的员工。这种员工或者是刚进入职场不久，或者是在职场中待的时间太长，总之，他们都因为种种原因形成了工作中的各种坏习惯，用一个夸张的词——“无恶不作”来形容再合适不过。

当然，这里的“恶”并非指违反法律的犯罪行为，而是指职场中一个人对自身的不负责、对集体的不负责、对他人的不负责所导致的种种灾害性后果。这样的后果无论对于职场人自己，还是他所处的团队，抑或整个企业，都可能是重大的打击。停留在这样的层次中，很可能导致职场人难以得到自我的改变和提升。

了解下面的真实案例，我们可以清楚“地狱层次”给职场人及其周边环境会带来怎样的打击：

> 某年4月的一天，某跨国企业大中华区总裁陆总，在忙碌了一晚之后，回到办公室去拿自己的办公用品，到门口才发现，自己没有带钥匙。此时，他的秘书瑞贝卡已经下班了，于是，焦急的陆总拨通瑞贝卡的电话，而瑞贝卡的电话一直无人接听。几个小时以后，已经想方设法解决了问题的陆总还是难以抑制心中的怒火，于是在凌晨将一封措辞严厉、语气生硬的信件通过企业内部电子邮件系统发送给了秘书瑞贝卡，并同时将信件抄送给了企业的其他几位高管。但令人没想到的是，瑞贝卡居然用同样的方式，以同样语气生硬的信件回复了陆总，同时还让所有公司同事都收到该邮件。
>
> 很快，通过那时候还不算太发达的网络系统，北京有数千多家外资企业的员工都看到了这封信件，这个事件迅速成为了当时外企圈子的“八卦”。事件的结果，秘书瑞贝卡离职，而陆总也在不久之后被美国总部免去了大中华区总裁的职位。

暂且不说管理者在这个案例中并不高明的表现，如果单纯地看秘书瑞贝卡，我们不得不遗憾地说，她的确没有应有的职场素养和道德。作为公司最高管理者的秘书，要随时能被上司联系到，是应尽的工作职责，应该遵守的工作道德。被上司批评之后，即使上司的措辞严厉、语气生硬，只要尊重事实，且不涉及原则问题，员工也不应该加以反驳，而是应该遵照必要的职场礼仪，用正确的方式向上司说明情况，更不应该将事情闹大，刻意让整个企业甚至外界都关注该事情。

因此，不带主观色彩地说，秘书瑞贝卡的所作所为，并不值得职场人效仿。与其说那是职场人的不成熟和冲动，不如说是其在自身职业道德修养上缺少必要的自我提升锻炼而表现出的一种“恶”。这种“恶”最终导致了两败俱伤的后果。

那么，职场人应该如何认识自己的“恶”，并积极地加以避免和改变呢？

首先，职场人应该正确看待自己的工作环境。将之看作自己收入的来源、事业的舞台，这才是对工作环境的客观评价，而不应该将企业或者部门看成斗气、攻击他人的场所。保持这样的理性态度，职场人才能回到“人间”，而不是“地狱”。

其次，职场人应该学会跳出自我情感去看待工作职责。带入过多的情绪进入职场是缺乏理智的表现，那意味着你将无法把“自我”和“工作”分开，而职场要求我们能够在投入工作时适当地忘记自我，且要牢记职业操守和工作标准。

最后，职场人需要注意自己一言一行的积累。许多职场坏习惯来自平时对自身行为的忽视，反之，如果能够专注注意力看待自己的工作行为，尽量让自己完美地处理好每一次接触交流、每一个工作步骤，就能牢牢打造出职场中“善”的成绩。

鬼层次——不能自控，贪婪妄取

职场中另一种令人感到难堪的层次，可以叫作“鬼层次”。在这个层次中，职场人经常变得底线模糊，不知进退，无法弄清楚自身的利益和道德边界。相反，他们总会试图挑战一些既定的规则，为自己“打造”出更多便利的操作空间，以此来赢得貌似更好的发展前景。但实际上，建立在错误基础上的这种发展前景，显然是虚幻的。这是因为，缺乏自控能力的“鬼层次”中，由于缺乏必要的远见，没有真正衡量短期利益和长期利益之间的区别，无法处理好个人和集体之间的利益，就难以真正成熟起来，难以管理好自己的工作、自己的利益、自己同周边的关系，难以控制自己的目标、方法和言行。

因此，只有真正自律的职场人，才能做到具备超越“鬼层次”的能力，通过审慎决定哪些是自己想要的、哪些是自己能要的，从而了解自身可以遵循的职场游戏规则，遵循职场的道德。这样，他们才有资格逐渐适应团队、适应企业，直到适应对他人的领导，成为组织中最好的成员。

诚然，在不少企业中，可能有这样的情况：一些员工对规则较为漠视，甚至无所顾忌，却反而获得了良好评价，得到了实际利益。但职场人应该明白，管理者并不可能永远忍受这种缺乏自控力的员工，一旦在合适的时机，这样的员工势必会因为其层次过低而被清除出企业的队伍。从整体上而言，当企业不断发展之后，必须要具有越来越有效的自控能力，而这直接取决于员工是否能控制好自己。

其实，不仅是普通的职场人，职场中的管理者也必须要尽早具备良好的自控力，脱离“鬼层次”，才能赢得未来的成功。

深圳万科房地产董事长王石，就是因为具有极强的自控能力，而使企业获得了良好的发展空间，成就了其事业的辉煌。

1992 年，当时正值南方房地产开发商们刚刚走向黄金时代的节点，不少开发商提出了“利润低于40%不做”的口号。而面对这样的现实，王石反而提出了“利润高于25%不做”的口号，表现出很强的控制力，不因为高昂的利润而被利诱，也不愿意盲目扩张违反企业应有的成长规律。这样反而让万科从诸多竞争对手中脱颖而出，直到今天，万科依然是中国房地产企业的领军企业。反观当年那些盲目追逐暴利、表现出贪婪而不能自控的企业，其中大多数已经被市场所淘汰。

甚至有一次，某个曾经和王石共同创业的朋友，从北京拿到一项批文，要求王石和他一起接下这笔生意。但王石对情况进行判断后，认为这样的生意是以前自己决定不再接触的业务，于是便予以拒绝。对方认为王石不应该放弃这个机会，最后甚至用下跪来劝说王石加以认同，但王石还是坚持自己的原则，不愿意接手该业务。虽然王石因此得罪了朋友并最终翻脸，但是，他坚持底线，没有增加企业的风险，使得企业的业绩蒸蒸日上，口碑也越来越好。

上述案例说明，在职场中，即使是老板，也需要有高度自控力，而不能为了眼前的利益而任意妄为。职场人更需要做到积极自律，控制好自己的工作行为。

如何做到充分的自控？

首先，职场人要知道什么时候应该停止。正如军事上的作战一样，很多时候，开始进攻容易，而停止进攻则具有难度，当职场人为了自己的利益不断进取时，了解在怎样的程度停止，能够给他们带来更多的安全，减少不必要的风险，最重要的是能够带来良好的自控习惯。

其次，职场人应该尽量避免和他人的盲目攀比。进行过分的攀比，会让人丧失自我的底线和标准，成为只懂得追随他人的“木偶”。

最后，职场人还应该将目光放长远，懂得舍弃面前的短期利益，从而获得更加稳定、更加长远的未来利益。

总之，行走职场，不懂得自控，过于贪婪，就无法上升到更高的职业道德层次，也无法成为他人眼中可以大用的人才。

畜生层次——愚痴不道，横行强做

畜生层次，或许听起来很刺耳，职场上真的有“动物”类型的员工吗？

事实上，在数千万年前，人类也是自然界中的动物种类，只有当人类具有充分的智慧，表现出和动物不同的使用工具、使用方法的能力时，人类才正式成为地球的主宰。这也意味着，运用智慧而并非完全运用蛮干，才能脱离“动物”层次而成为智慧的群体。

明白了这样的事实，我们就更加容易读懂下面的这个科学实验：

有6只猴子，被关在实验室的笼子里。在笼子顶端挂着香蕉，而香蕉却连着水龙头。当猴子试图去摘香蕉时，总会因此被水龙头喷射得狼狈不堪。不久后，笼子里面所有的猴子都停止了去摘香蕉。科学家们不断地用新来的猴子去替换里面原有的猴子，具有讽刺意味的是，每次新进去的猴子都会被其他猴子“教育”，而懂得不去摘香蕉。即使笼子里面的猴子换了一批又一批，还是没有猴子敢去摘取香蕉。

其实，如果猴子具有人的智慧、主动性，就会发现，科学家早就将香蕉和水龙头之间的连接取消了，甚至连水龙头都没有了。但是，在所谓的传统面前，它们除了盲目行动和盲目不行动之外，缺乏的正是独立思考的能力，因此似乎永远也无法获得品尝香蕉的成功。

职场中，人不应该是“猴子”，而应该是身为自然界主宰的“人”。既然是人，就应该学会充分地独立思考，而不仅仅是埋头苦干，否则，只知道低头拉车，不知道抬头看路，只知道走前人走过的路，而不知道如何创造自己的特色，又怎么可能成为超越他人的成功者？实际上，职场中的人，很少有真正靠“努力工作”就能获得成功的，比起“努力工作”，许多人更加欠缺的是“努力思考”。那些凡是在职业素养、职业道德和职业能力上表现良好的员工，几乎无一不是因为有着良好的思考方式而获得其成绩的。

正如惠普前高管高建华所说的那样：“许多企业并不提倡员工们整天卖力工作，而是希望员工们能够聪明地工作，能够学会在工作中开动脑筋，想出最好的方法解决问题，并完成工作，从而提高工作质量和效率”。事实上，许多老板看重工作绩效，远远胜于看重员工究竟付出多少努力，甚至超过了员工的工作态度。

因此，职场人必须要学会用巧干、聪明来代替蛮干和拼命干。摆脱职场中可能出现的“畜生”层次，寻找更高效的提升自身业绩的途径。例如，每个企业中都有着各自不同的核心业务，而这些核心业务也因为企业的差别有着各自的不同，如营销环节、策划环节、研发环节、生产环节等，但所有的核心业务都有一个共同特点，那就是能够帮助企业实现利润最大化。懂得这一点后，职场人就应该积极抓住企业中最重要的环节，抓住其中的核心业务，找准自己发展潜力的途径。又如，职场人应该学会将自己工作计划制订得更加清楚、简明、容易操作，这样，才能保证自己的工作始终遵循重点突出、围绕计划而进行。

总之，工作是否高效，是否能避免盲目的“重复—出错—再重复—再出错”这样的低层次循环，是决定职场人提高素养层次的重要因素。职场人必须要对高效率工作予以充分期待，并严格要求自我。

修罗层次——自私自利，嫉妒争斗

在佛教文化中，经常提到“修罗”这个词，例如，在六道轮回中有着“修罗道”。在宗教中，“修罗”是相当有特点的种群，他们似乎是天神，但却没有天神所具有的修为——善良，如果说他们是魔鬼，却又比魔鬼的威力强大得多，同时，还带有人的情感和习性。其实，修罗原本善良，修罗道也是佛教中的善道之一，然而修罗自身最大的缺点就是经常带有嗔恨、嫉妒、自私的心理，怀着争强好胜的意志，因此总是妨碍他们提升到更高的层次，获得更多的修为。

其实，在职场中，也有着令人难以摆脱的“修罗道”，而这种状态的背后，则是明显的负面情绪——嫉妒。

可以说，在所有人类的情绪中，嫉妒甚至比恐惧还令人不安。许多悲剧来自嫉妒，许多失败也来自嫉妒。嫉妒心常常是被可怕的占有欲、支配欲所驱使的，因此，总是会给许多人带来沉重的心理负担。

追究嫉妒的本源，实际上是一种过分自私自利引起的消极情绪，在这种消极情绪的影响下，职场人因总是认为自己不如他人优越，而感到失落。同时，由于过分在乎自我的得失，总是在观察他人、观察环境时，以自己为主，不论什么情况，首先都会关注自己，因此很容易引起一系列不良情绪。

然而，在现实的职场中，总有一些人，本身并不缺乏工作能力，也不一定缺乏工作业绩，却总是经常表现出嫉妒心强、争斗心强的特点。他们常常并不关注集体的利益，却喜欢站在他人工作的旁边议论得失、评点是非。在这样的“修罗”层次中，我们看不出他们对同事应有的欣赏态度和学习态度，有的只是他们充溢的嫉妒心。

曾经有位学员和我说过这样一件事情：在她的部门中，有位和她工作业绩、能力都不相上下的同事，表面上，这位同事和她惺惺相惜，经常当面称赞她的业务能力强、工作能干。但实际上在背后却没少因为嫉妒而给她“小鞋”穿。某次，整个部门共同去参加一次展览会，部门经理安排这位同事准备好每位销售员的名片，及时分发给前来参观的人。结果，同事居然有意将这位学员的邮箱、电话号码全部印错，然后到展会开始之前，告诉她实在来不及修改名片。而展会开始后，她又说，既然名片上都是错的，就不要分发，发她自己的就可以了。等到和客户进行自由洽谈的时候，这位学员刚找到几个合适的客户进行洽谈，结果，不论到哪里，都发现那位同事会跟着过来打岔，或者是想方设法和客户联系，或者是分散客户的注意力。总之，这位同事觉得客户都应该是她的，而不应当被别人“抢”走。

可见，这位同事的心理就是职场中典型的嫉妒心理。当嫉妒心理无法得到遏制、平息的时候，人们一旦发现他人的优点，抑或看见他人取得好成绩时，就会感到发自内心的难受，并想方设法要破坏对方的成绩，或者通过给别人制造问题，而阻碍他们取得成功。显然，这是一种相当危险的病态职场心理。

这样的嫉妒心理，会直接影响职场人的情绪，打击他们提升自我的积极性，并很容易产生偏见，影响原本良好的人际关系、情绪健康。

为了摆脱这样的“修罗”层次，身在职场，人们一定要懂得顾全大局，具备团结协作的主动精神，不应该过分看重自己的得失感受，更不应该通过压制他人来凸显自己。很显然，无论多么优秀的员工，只有通过协作，才能获取更多人的参与和配合，得到表现自我的舞台和发挥自我能量的氛围。

面对自己的嫉妒，首先，要懂得用积极的心态予以平息，帮助自己去客观理性地对待他人的优点，尽量多寻找值得自己学习的地方。其次，还要多看到他人取得成绩的原因，分析其中有哪些因素是自己值得借鉴的。最后，也是更重要的一点，职场人还应该有更加开阔的心胸，能够主动承认自己不如他人的地方，并以此为动机要求积极进取，而并非盲目嫉妒。相信通过这样的方法，嫉妒心一定会远离职场，远离自身。

人的层次——明事理，晓戒规

想要在职场素养的层次中登堂入室，打开真正的智慧大门，“人”的层次是无法绕过的。任何在职场中取得显著成功的人，都必然要经历这一锻炼过程，并从中受益。

简单来说，在这个层次中，职场人通过总结自己在职场工作中的实际经验，获得了对“事理”和“戒规”的明确。这也就意味着，职场规律在他们面前已经昭然若揭，他们已经能跟随职场的规律工作，而不会随意违反，导致自身和他人的利益受损。因此，在这样的层次上，职场人才能说真正开始走向成熟。

我的某位学员是一家广告公司的策划设计人员，在谈到对工作规律的认识时，他这样介绍道：

设计人员处理任何客户的策划案，都有着几乎可以统一的流程。首先，初步意向的介绍；其次，拟订合同的细节方面，接下来开始设计，并做出小样；再次，根据客户的具体意见进行修改、定稿；最后，完成成品。在实际操作中，一旦违背了这样的规律，就会出现问题。例如，一开始在交流中没有谈好初步的意向，或者导致方案细节模糊，造成设计工作不断重复却无法达到对方的满意程度，就有可能导致合作失败，或者让客户满意度大大降低。实际上，违背工作规律，不仅会造成职场人自身的失败，也会给企业、客户和其他工作人员带来总体成本上的浪费。例如，造成企业支付的人工成本的浪费、客户时间和精力的浪费等。这些问题的根源，从本质上看，都是因为缺乏“人”的层次，即缺少按照工作规律办事的标准流程，不会用自我建立的制度保证工作执行到位的职业素养。

其实，职场中的绝大多数工作，都是有其规则和规律可循的，而这些规律又都能够用工作中不同的方式和方法来加以认识、执行和保证。但令人遗憾的是，职场中不少员工还没有进入“人”的层次，也就是说，一旦需要在工作中体会和表现具体事务后的规律规则时，他们只能模模糊糊地加以感受和表现，或者难以可靠系统地加以执行。

想要改变这样的缺点，尽快上升到对职场工作有规律性地认识和体现，职场人应该做出如下改变：

首先，对工作目标进行细化。当工作目标确定后，应该积极按照工作规律，将目标具体细化成不同的可行步骤，形成简单而易行的工作方法，并在此基础上获得可以执行同时又具备一定弹性安排空间的日程。

其次，在职场中，应该学会通过事物的表面观察到其背后的原因，而不是苦苦坐等天上掉下成功的馅饼。例如，当职场人被安排到某个工作岗位后，需要理清楚自己的岗位职责、到位标准，提前加以认识和了解，能够让自己在工作中事半功倍，获得更加高速的职业发展道路。

最后，通过一定的工作之外的培训，如参加培训课程、阅读相关书籍，能够从理论上提升职场人的层次，帮助他们获取最新的职场信息，同时领悟更加深刻的职场规律。

无论是在职场圈子中，还是在人生舞台上，想要提高自己的素养，都应该做到对规律加以认识、了解，并严格按照规律去办事，只有知道的越早，才能思考的越早，并进行更早的谋划，获得更快的成熟。

声闻层次——守法行善，以德服人

仅仅懂得企业的文化、职场的规则，并能够切实遵守，还只是走向职场操守和素养成熟的第一步。事实上，职场中有各种各样的复杂情况，并非仅仅通过老实遵守就能够安身立命，更不可能通过对规则的亦步亦趋就能够获得他人的肯定。在“声闻”层次上，职场人有必要认识到，不仅需要在工作中表现出对职场规则的尊重，更需要在职场交流过程中表现出守法行善的特质，做到以德服人，才能让周围的工作环境更加宽松。

以德服人，实际上是职场中相当高级的沟通手段，也往往是基层员工中最为有效的共事艺术。以德服人，意味着通过日常工作中表现出的高尚人品去感化影响对方，使得对方心甘情愿地敬佩和听从自己。实际上，以德服人并非仅仅可以用于企业的管理者，这是因为，在今天这个企业平台上，每个人都有机会和必要去引导周围的同事乃至上司和客户，如果仅仅依靠工作实力，必然很难取得全面有效的结果，而通过自己的道德表现，则往往可以让对方自然而然地对你产生足够的信任感。

在职场中，身为普通员工要注意和他人交往时，利用正直、大方、宽和、谦虚、诚恳等态度去感染他人，建立良好的职场形象。即使是职场中身居高位的管理者，也常常会为了获得更多人的支持而表现出以德服人的素养和态度。

日本最卓越的企业家松下幸之助，在企业中有着不可动摇的领导者形象。这同他具备以德服人的职业素养密切相关。例如，他相当重视下属在职场中的后顾之忧，对下属的生活、情感表现出无微不至的关心。为了能够帮助下属建立起对企业集体的情感，他让人事部门专门建立了每位员工的私人生日档案，而当员工在生日那一天，都会收到一份来自企业送出的生日礼物。这样的生日礼物虽然谈不上贵重，但却代表了企业所提倡的“声闻”层次，即通过行善的目的和过程，感动他人，用德的举动来带动他人。

其实，无论从哪个角度来看，在职场上工作，不仅要讲究能力、讲究感情，也要讲究道德伦理的表现。而从专注于工作过程来看，依靠品德是相当高的沟通、相处和管理层次。如果不懂得这一点，职场人只会用自己的工作能力和他人打交道，就会时刻面临出现的工作能力瓶颈的风险，或者只会利用经验和智慧来同人打交道，也会产生类似的问题。只有建立以德服人的模式，才能展现出高超的职业素养，体现出高明的职场沟通艺术。在以德服人的境界中，职场人不需要被动地去操纵、邀请或者恳求他人，因为你的道德表现已经足以感化他们，并使他们乐意与你合作。

怎样才能在职场中达到“声闻”层次，做到以德服人呢？

首先，职场人应该懂得约束自己的行为，明确按照企业的规定处理工作和人际关系，同时，还应当遵守约定俗成的职场规范习惯，从而做到以尽量完美的形象出现在同事、上司或者下属的面前。这样，才能利用更加良好的自我形象来传递品德的力量。

其次，以德服人，需要表现出对他人的关爱和支持，职场人不应该误解“服”的含义。所谓的“服”并非仅仅要求他人被迫服从，而是要求对方能够发自内心地敬重和服膺。因此，职场人必须要能从多方面关心他人，才能传递出你对他人的充分善意。

最后，职场人还应该表现出明确的是非观，敢于在必要与合适的情况下维护整个集体或者集体中某个成员的利益，这样才能够赢得周围舆论的支持和情绪的认同。

总之，在职场中，守法才能行善，行善才能做到以德服人。当你获得这样的工作成果后，也就水到渠成地提高了自己的职业素养层次。

缘觉层次——了解人类产生痛苦的原因

职场可以给人带来成就感、充实感，带来快乐和幸福。但职场就注定没有痛苦，不应该有痛苦吗？答案是否定的。任何一个人要参与到社会生活中，就必然会面对各种利益的纠缠、各种矛盾的冲突，同样，在职场中，想要参与到不同的工作中去，也会受到职场不同规则的约束和影响。正因为如此，人们才会将职场看作战场，而其中压力带来的痛苦也不言而喻。

但是，如何面对这样的痛苦，却体现了一个职场人的具体层次。简单地说，不知道痛苦从何而来，于是无从自我教育、自我解脱，这就是较低的职业素养层次。反之，当你进入"缘觉"层次后，会发现自己清楚地明白自身的痛苦从何而来，并能够根据不同的压力来源，从内心和外界两方面予以化解。

一般来说，在职场中，人们产生的痛苦首先来自具体的工作压力。当一个人工作压力过大时，就会面临精力不济、睡眠不佳的健康危机，在情绪上感到焦虑、烦躁不安，并造成身心健康的损害，导致心情的起伏变化。同时，也会造成工作中的不良行为。除此以外，一个人的职场痛苦，还会来自其对周边环境中不同事物的陌生感、紧张感，或者是对工作目标的模糊感……总之，痛苦来源于压力，而压力则来源于对工作环境缺乏熟悉了解，对自己和他人缺乏信任。

小美的职场经历可以说充满了代表性。

自大学毕业后，学习成绩优异的她顺理成章地进入了一家大企业。为此，她觉得自己相当幸运。在工作中，她虽然面对压力，却总是专心致志、勤勤恳恳地做好自己的工作。就这样，小美的工作业绩迅速上升，得到了上司的赏识和同事们的羡慕。但是，小美为了工作也放弃了自己的许多爱好，一些老朋友也不再联系了。

不久后，小美渐渐发现，自己在镜子面前没有了笑容，面色也不再好看，眉头紧锁。她觉得，自己的痛苦都是因为对工作的投入造成的。起先，这份工作曾经带给她快乐、充实和成就感，而现在，她觉得自己开始讨厌这样的工作了，以前的工作动力似乎也荡然无存，尤其是到周一上班时，她总是万分不情愿地去办公室，并从周一开始就盼望周末到来。而且，小美还开始抱怨，觉得每天的工作都千篇一律，会议开不完，工作做不完，电话接不完，报告也整理不完，结果只要电话铃一响起来，她就会感到焦躁，想发脾气。

小美觉得自己需要出去度假，游山玩水，或者在家好好地睡上一觉，以恢复工作的状态。然而，她发现自己很难做到：工作全部积压在一起，自己无法从中抽出时间……

小美的问题，并不在于其工作能力或者态度，而在于她未清楚认识和理解自己的职业痛苦的来源，只有认识到其来源，才能有效做到减轻压力，重新建立工作信心。

那么，职场人应该如何具体操作呢？

首先，应该清楚地认识到工作环境的形势和气氛，正确地看待周围的工作关系，更要正确地看待自己的工作压力。这些压力虽然会让职场人产生一些不适，乃至产生痛苦，但是只要通过进行合理的化解，就能将压力变成动力，并让自己不断进步。

其次，职场人应该学会保持乐观心态。通过培养和发展自己在工作以外的不同兴趣，从而做到充实生活，有效地摆脱压力。同时，还应该做到积极反省思考，从而将职场上的痛苦及时摆脱、淡忘和化解，给自己留出足够的休闲调整时间。

最后，职场人还需要及时地减轻压力。仅仅依靠增加自信心是不够的，可以利用不同方法来化解压力、减少痛苦，更好地适应“缘觉”层次。比如，不断地充电，加强自身的工作能力和水准，从而逐渐适应不断变化的工作环境；积极认识新朋友，改善工作中的人际关系，并获得精神上的支持；学会适当地在生理上放松，如深呼吸、冥想等；摄取适当的营养物质等。

总之，只有能够积极认知和对抗痛苦的员工，才能在职场上顺利行走，并改变自己的压力状况，这样持之以恒，职场人将会因为职业素养层次的不断提高，而获得越来越明显的自我改变。

罗汉层次——救赎自己，施教于人

众所周知，乐于助人是公民道德要求的基本准则，对于构建和谐的人际关系，具有相当重大的意义。乐于助人，并非只适用于生活中，而且也适用于职场中，这是因为，适当地帮助别人，不仅能够给职场人带来快乐，而且从某种程度上来说，同样是一种感情上的投资，能够帮助职场人更加迅速地融入目前的团队和部门中，也会因此让你的职场生活变得更加顺利和充实。当你通过帮助别人而积累和收获了充分的人脉资源后，你曾经帮助过的人也会在你今后的职业生涯中及时地伸出援助的双手，帮助你渡过难关。

在职场中，如果我们能够积极地帮助他人，就会不断提升自己，进入“罗汉”层次。在这样的层次中，能够积极赢得同事的好感，并通过帮助他人而获得自身在困难面前的释然。

来看看小江是怎样通过积极帮助同事而最终获得良好的职业素养的：

小江性格随和，他并不像其他员工那样，只知道在自身的工作环境中埋头苦干，完全不顾集体的工作进度，不管其他人的工作进度。相反，只要力所能及，他都会根据团队的需要，而帮助其他人进行工作。当发现他人工作遇到困难时，小江会伸出援助之手，给予对方指点，提供必要的资源，帮助对方树立工作信心。对于新员工来说，小江是一位很好的职场前辈，提供了必要的指引和经验；对于老员工来说，小江又是很好的支援者，能够很好地弥补他们工作中可能出现的失误。

当然，也有人对小江的工作习惯表示不理解，甚至觉得小江是喜欢多管闲事：只要做好自己的工作就行了，又何必去管他人的事情？然而，小江说，在必要情况下去帮助他人，并不是所谓的多管闲事，因为团队中的每个人都不是完全独立的，而是相互关联的，决定了企业是否能够获得正常的发展。因此，在完成自己的工作任务的前提下，应该能够积极主动地帮助他人，帮助他们更好地完成工作任务。这样，不仅整个团队和企业会不断发展和壮大，对自己的发展也是有好处的。

不久之后，企业内部进行竞聘上岗，小江名列其中，赢得了部门副经理的职位，其中，来自基层的选票遥遥领先。就这样，小江热心帮助同事，同事也决定帮助他，好人最终会得到好报。

小江在职场中达到的层次，可以看作“施教于人”的典型。在职场中，积极帮助他人，能够帮助自己获得良好的人际关系，能够更加充分地融入团队，并依靠团队的力量，为自己获得更加充实、更加稳定的平台。实际上，乐于助人不仅在于能够获得他人的回报，还在于帮助别人，能够让自己获得幸福和安然，产生良好的工作情绪，这样，你的工作就更容易创造出成绩。

职场人如何才能让自己去坦然、大方地帮助他人呢?

首先，应该真诚待人，凡事要带着真诚的态度，主动理解他人的压力和烦恼，并能够设身处地为他人着想，认真地帮助他们解决困难。

其次，要和团队真正地融合，和同事们在共同工作中发展出良好的人际关系，形成和谐的团队力量，依靠团队力量，将困难逐一破解。有了这样的自我觉悟，职场人才能在融洽的职场环境中更加快乐与充实，具备更好的职场素养。

菩萨层次——弘扬佛法，普度众生

不断提高自身的职业素养层次，意味着一个职场人能够不断扩大自身的影响力，从最初对自我的影响，到逐渐提高和扩大影响，最终能够学习和掌握影响他人的能力。这种能力，和职场人自身的练习并运用自身情绪的能力有着紧密的关联。

职场人大多有这样的经验：和同事相处时，仅仅依靠工作规则、职场逻辑并不能真正影响到他人，情绪上的影响会显得更加重要。当你和同事相处时，应该能利用情绪，可以影响他人的工作行为，将工作气氛变得更加团结、亲密，也能够对集体的利益有更大的推进。

因此，在职场上，将能够影响他人的能力层次称为“菩萨”层次。而在这种层次中，职业素养不同的人，对他人的影响程度也不同。而对于这样的影响力，职场中多少存在着这样的误解：只有管理者才能对下起到影响，但实际上，即使在同级别的同事队伍中，虽然员工并不处于核心位置，但同样具有自己的影响方式。他们可以通过在整个企业的工作平台中，充分地表现自己的能力，展现自己的工作水平，从而影响和改变团队的工作风格，在这个过程中，职场人自身的能力素质也会得到很大的提高。

通过下面的例子，可以看出职业素养达到相当层次的员工是如何应用其能力影响他人的：

行业内最大的两家公司合并后，媒体一致给出了好评，认为这样的合并会推动行业整体的发展。在正式合并之后，这两家公司召开了多次联合会议，详细讨论分析怎样将公司在体制和工作上实际合而为一。但问题是，这样的合并一般需要解雇数百名员工，因为两家公司之间一些部门显然会重合，而必须要予以裁员。但是，这样的消息，企业应该怎样通过团队的管理者来传递给员工呢？

管理者 A 用并不高明的方式加上糟糕的态度传递了这一消

息，他说话时面容阴郁甚至略带威胁的意味：“目前，我还不知道自己应该怎么做，但是大家不要指望我会手下留情。按照公司未来发展的趋势，我必然要开除我们部门中的一半员工。不过，现在上司还没通知我要开除哪些人，所以我希望你们能够及时将自己的工作背景和工作履历交上来，这样我才有开除人的凭据。”

但管理者 B 却没有这样做，他用积极乐观的口气向大家传递这个消息：“根据观察，我们认为，这个合并起来的新公司是很有发展前景的工作平台。大家都很幸运，有机会和这个行业中最优秀的人才共同工作。因此，公司上层会尽快做出人事方面的决定。当然，在没有收集到足够的信息之前，公司也不会贸然行事，也希望大家能够积极配合我们调查客观的绩效数据，并评定清楚团队的合作能力。”

可以看出，两位主管带给他们团队的影响是绝对不同的。前者带来的是灰暗的基调，团队中的许多人都会觉得自己失去了应有的待遇，而后者士气会维持原有状态，甚至有所上升。

如何影响他人，涉及企业员工自身的职业素养。包括是否能够积极地处理好自己和他人之间的互动，是否能够有效地带动他人。总体上看，这涉及每个人自身的影响力高低，以及其影响力发挥所产生的不同效果。

只有那些真正擅长从积极方面影响他人的职场人，才能在团队中变得越来越出色，越来越容易带动他人，并获得引起他人重视的工作业绩。而这样的影响力，可以看作是职场中的“普度众生”，即菩萨的层次。

那么，职场人如何才能通过自己的修炼，进入这样的层次呢?

首先，你可以通过对他人的示范去影响他们。例如，表现出持续、规律性的工作行为，这样，其他人就能注意和了解到你的工作特点，即使并不会加以刻意学习，也会因此产生客观影响，而产生具体改变。

其次，你还可以多对工作方法进行具体解释，从而改变他人的工作方法。

最后，职场人还应该积极去调整和他人之间的工作关系，从而让自身的影响力能够在更加积极的互动状态下产生影响，并获得取长补短的效果。

佛陀层次——明世间真谛

职场人的层次提高到最高的阶段，就能看见“佛陀”层次的光辉了。在这一层次中，工作能够带给你充分的幸福和快乐。

在大多数处于较低层次的职场人看来，金钱似乎是幸福和快乐的源泉，工作也纯粹是为了获得更多的金钱。但事实上，金钱并非工作的真谛，也不能必然带来成就感、快乐感。根据国外职场心理学家的研究，在影响幸福感的不同因素中，金钱所发挥的作用只有20%，而构成美好的生活过程中，金钱所发挥的作用也仅仅是一方面。

事实上，职场人应该看到，工作的真谛绝非金钱这样的事物所能代替。良好的工作过程，来自充分和谐的人际关系、令人愉悦的工作氛围、自我的满足、对工作意义的发现以及在社会中对自我发现的过程。

身处于“佛陀”层次，你会发现，比起金钱，工作更能够带给我们良好的感受，因此，努力提高职业素养，让生活更精彩，才是更加有效的做法。

我曾经认识一位台北的朋友，他出生于当地的音乐世家，从小就很喜欢音乐，但在选择大学所学专业时，却因为某些客观原因而进入了一家大学的工商管理系。尽管这位朋友并不喜欢这门专业，但他却一直认真加以学习，每学期的成绩都是A。毕业之后，他又被保送进入了美国麻省理工学院，并在毕业后拿到了经济管理专业的博士学位。

如今，这位朋友已经在美国的证券界做得相当出色。但他在和我谈天时，依然带有些许遗憾地说，自己最喜欢的依然是音乐，对工作却谈不上最喜欢。我问道，既然不是最喜欢这份工作，为什么能做得最好？他的回答是，我在这份工作上，就要让自己享受这样的过程，坚守应尽的职责，这才是人生的一部分——必须要认真对待，加以面对，尽心尽力，而不是只去做自己喜欢的事情。

可以说，这样的职场人才懂得什么是职场的真谛，什么是人生的真谛。所谓职场，就在于其选择的不可随意性，而在职场中努力提升自我的过程，也就是理解职场真谛的过程。理解了真谛，就不会因为其他因素影响自己的提升，而是将目标制定的清晰、可行，从而得到优秀的职场素养。

可见，有了对职场真谛的了解，我们才能学会在工作中寻找到快乐，寻找到人生的意义。这就需要我们做到下面几点：

首先，工作必然涉及金钱因素，但不应该只有金钱因素，若职场人只能看到金钱，那么就谈不上对职场有真正本质上的了解。

其次，职场人应该学会将每天的工作做好，坚守目前的岗位，将目前的工作责任履行到位，而不是盲目地追求未来的“梦想”，这样才能认识到工作过程中的真正意义。

最后，每一个职场人还需要学会平衡好工作、自我和生活之间的关系，这样，才能既获得职业成功，同时又能得到人生的精彩。

可以说，“佛陀”层次是职场中最优秀、最成功的层次。当然，这样的层次并不可能在一朝一夕之间获得，需要职场人在实际工作中不断自我提升、自我磨砺，以这样的层次来自我要求，得到步步稳定的职场轨迹。

心态决定成败，激活生命潜能

用全身心的爱迎接今天

在职场经典中最出名的《羊皮卷》著作中，作者为职场人讲述了这样的话语：“我要用全身心的爱来迎接今天，因为，这是一切事业成功的最大秘诀。”

的确，想要在职场上获得成功，必须要有良好的心态。许多人虽然有着强大的工作潜能，却总是难以激发出来，其原因就在于心态成为了瓶颈，限制了其潜力的迸发。

职场中，许多人不缺少能力，也不缺少机会，但却唯独缺少了应有的“全身心的爱”。正是因为这样的缺少，他们体会不到已经拥有的资源所带来的幸福感，不懂得热爱，却只是在单纯地放大着自己的遗憾。在这样的情绪下，抱怨取代了感恩，厌倦取代了热爱，变得患得患失、斤斤计较，导致他们将对工作的爱、对自身的爱、对家人的爱、对企业的爱都抛于脑后。

因此，学会用“爱”来主导自己的职场心态，用“爱”的眼光来看待周围一切，用发自全身心的爱来看待今天，相信职场人会获得不同的心情。

我认识一位企业家，他从酒店的门童开始进入职场，但却最终做到这家酒店的高管。他相当懂得交友的门道，凡是和他打过交道的人——无论是他的下属，还是他的客户，甚至是普通的清洁工人、出租车司机，都会在和他认识的短短数分钟之内，对他产生好感。客户的孩子会经常想念他，公司楼下的快餐店员工对他也格外热情。公司里，无论哪个部门举行活动，只要有人宣布这位高管到时会出场，那么，当天的活动一定不会有任何人缺席，甚至连其他部门的人也想要加入。除了这些情感之外，高管的家庭状况也很好，家人以他为荣，对他相当敬重，妻子和女儿更是得到他全心全意的呵护。

究竟是什么样的力量，能够让这位高管赢得这种从职场到人生的全面成功？说起来很简单，也就是对待他人有一股发自内心的爱而已。他表达爱的方式并不故作张扬，而是让他人真正感到他对于对方发自内心的喜欢和关心。在他面前，无论是工作中还是生活中的人，无论有怎样的事情，他都不会先入为主地看待，而是会设身处地地为对方考虑，希望和对方有共同语言，并建立起友谊。

从这位朋友的行动中，可以看到，想要获得他人的认可以及得到更多的支持，你必须首先不去考虑和担心对方的想法，而是要带着自己的积极心态去关爱他们，这样才能拥有让别人欣赏的品质。

在职场中，这一点更为重要。不少职场人总是希望自己在工作中能够得到他人的支持，为此孜孜以求地希望获得他们的理解和认同，但实际上，如果他们反问自己：你有没有真正去理解和认同别人？你有没有在乎别人的感受？你有没有在乎集体的利益？他们就会更明白关爱世界、关爱环境和关爱他人的重要性。

通过关爱世界，人们会为自己的工作找到更加崇高的理由，更加富有价值的目标；通过关爱周围的环境，人们会更加看重集体、家庭在自己工作中得到的收益；通过关爱他人，人们可以更好地看重他人的利益，并协调好自己和他人之间的关系。因此，职场中良好心态的建立，首先来自关爱。

那么，如何建立起这样发自内心的关爱情感呢？

首先，要学会多观察工作或者生活中的正面现象。例如，多发现身边环境最细微的积极变化，多发现同事的进步，多体会上司对自己的关注和支持等。

其次，要学会将情感延伸到外界。例如，当你和家人共享天伦之乐时，应该想到这样的快乐离不开工作，离不开企业，也离不开客户，这样，你就会将对家人的爱延伸到职场中。

最后，需要适当表达自己对他人的关爱，多带着笑容、善意去接触他人，表现出最好的自己，才能让他人接收到你的情感，并因此而塑造出良好的人际关系。

人生不只是停留在过去

每个人都有自己的过去。无论用今天的眼光看过去是对还是错，这段经历都已经成为你人生的一部分。尤其是作为已经进入职场的你，对于这样的过去既无法彻底改变，也无法完全回避。因此，与其面对现在的生活和工作选择逃避过去，不如坦诚地接受这样的过去，同时从中吸取工作的教训、人生的经验。

通过正确认识、接受自己的过去，并在此基础上对现在和未来做出选择，我们才能真正站在人生的厚实高度上眺望未来。

有这样一个关于如何认识和接受过去的故事：

20 世纪 90 年代的湖南，一位 17 岁的花季少女，正在准备参加影响人生未来走向的高考时，家中却传来噩耗——弟弟不幸罹患了白血病。为了挽救弟弟，这位少女和家人积极呼吁社会能够帮助他们，有位包工头表示愿意支付医药费，但条件是让花季少女嫁给他。就这样，少女决定将自己“卖”给对方，换来下面的协议——包工头支付 10 万元医疗费；18 岁以后圆房；不得反悔，否则加倍赔偿。

就这样，弟弟暂时得救了，而少女却被合同“娶”走。此后，这位少女决定离开家乡，并无奈地来到广州打工，那时她才仅仅 19 岁。

带着如此不堪回首的过去，少女却没有倒在职场上，相反，她正视自己的过去，反而有了更加发奋工作的动力。在勤奋和努力的付出过程中，仅仅三个月，她就超越了其他员工，成为流水线上的最优秀工人。同时，她还边工作，边学习，在广州中山大学获得了自考大专学位。到了 2000 年，她通过了自学本科的考试，获取了学士学位，同时收获了来自一位香港企业家的真正的爱情。2001 年，她又报考了研究生，并以高分考中……

这位少女曾经这样说："无论自己错过了什么，无论自己经历了怎样的坎坷，无论面对怎样的天空，只要我们积极向上的心不改，我们就永远不会失败。"

的确，和这位命运不幸的少女相比，许多职场人一路平坦走来，从父母的关爱到校园的平静，再到顺利进入职场，过去所经历过的一些失败挫折又算得了什么呢？如果因为这些因素而背上了沉重的心理负担，甚至导致对职场、对工作、对企业和对他人都产生了不良的印象，将毫无疑问地会影响我们未来的职场发展、人生走向。

因此，职场人应该牢记，无论是工作还是人生，总会有潮起潮落，不可能总是处于顺利和辉煌中。正视过去、接受过去，才能得到广阔的未来。为此，职场人应该首先做到学会忘记，即忘记过去的种种不公平、种种委屈，因为过分牢记这些经历，无疑会对自己的心态造成不良影响。

其次，职场人应该学会在悔恨之外加以分析，将那些自己的失误导致的遗憾与懊悔，转化成为真正的分析和改变，从而接受来自自我的矫正，获得正确的未来选择。当然，完成上述行动，还需要职场人能够有一颗坦诚的心，愿意面对自己的过去，而不是文过饰非、盲目将责任推给外界。越是能够深入剖析自己主观原因的人，往往越容易在对过去的分析中获得他人无法企及的财富。

思想转变改变你的命运

职场中，最可怕的并不是平庸无奇，而是不愿意改变现状、改变命运。当一个人满足于现状而不思进取时，他的未来注定是可悲的。这是因为他会如同入宝山而空回的愚人那样，虽然有可能去经历人生中更加精彩、更加美好的事物，却最终毫无建树、毫无成就。

一个人之所以如此不愿意改变现状，主要原因在于他满足现有的生活状态、工作圈子，满足于现有的想法，满足于现有的性格表现和人生追求。一句话，他满足于现有的思想。实际上，最可悲的事情也莫过如此。许多人原本雄心勃勃，满怀期待，却因为种种原因在奋斗的半路上停了下来，他们的思想开始凝固，变得毫无变化、毫无追求，浪费了自己的才华。

可以说，这样的人对生活的激情慢慢消退，无法产生持续的工作积极性。对于他们来说，应该明白，那些看起来光鲜亮丽的卓越员工，其背后在于他们不断改变思想，转变命运。

某制造企业的小杨，曾经在笔者的培训课上和大家分享过这样一个案例：

1996 年，他从湘西的一个偏僻山村考上了著名的 Z 工业大学机电系。当时，作为山沟里走出来的大学生，身上肩负了全家、全村人对他的殷切希望。毕业之后，他被分配到一家学校教书，起初，这样的状态让他很满足，但是不久后，他调整了自己的想法，决定到深圳去闯荡。

就这样，当年的小杨毅然辞去了工作，来到深圳寻找新的人生舞台。他发现，深圳当时有着很强的劳动力资源，也吸引了很多国际资本，有着不少国际知名的制造企业，但却缺少生产一线的技术型工人。当时，高级技工的工资甚至比硕士还要高。于是，小杨设立了自己的目标——做一名技术蓝领。他很快成为了一家模具公司的模具技工。然而，虽然他具有系统的理论知识，但却没有实际的工作经验，更没有考过相应的证书，只能先给熟练工做下手，做一些助手工作。在实际的工作中，小杨发现，技术的确相当重要。尽管自己的物质收入比起做教师来说高了不少，但是，他还是想学到真正的技术。于是，带着这样的想法，小杨虚心地向那些老师傅请教，并不断地自我磨炼，一年多后，他熟练地掌握了整套的生产流程，拥有了精湛的手工工艺，并拥有了较强的生产过程中的指挥协调能力。不久后，他被任命为模具组组长，负责组织团队对模具进行装配，每个月的工资也增加了不少。

后来，小杨发现，企业里的不少机器是从德国进口的，而他只学过英语，这就导致他对机器性能了解不够。于是，他又积极地利用业余时间学习德语，渐渐地，他可以用德语学习和交流，甚至能和德国专家直接交流问题。就这样，小杨一步步成为了这家企业的技术骨干，直到后来成为行业内知名的技术专家，担任企业的高管……

正如案例中表明的那样，小杨原本有一份不错的稳定工作，但由于他对思想的积极改变，寻找到更高的挑战。这样，他从普通工人开始行走职场，并通过不断更新思想、不断树立新目标而获得不断的成功。

事实上，你的思想是什么，你就有可能成为什么，如果你的思想总是围绕那些更高更强的状态、更伟大的目标，并且愿意为你的思想而付出艰苦努力，那么，即使你的起步较低，也很有可能达到这样的目标。这是因为，如果我们有充分的思想，往往就能够用这样的思想指导自己拥有这样的信心，并付出相匹配的努力。

因此，职场人如果想要改变现状，就要拥有更加高远的思想。首先，职场人应该努力发现自己对目前现状有哪些不满，不妨主动打破现有的平静，去寻找现状中那些无法给你提供足够安全感的事物或者因素，例如，缺乏创新能力、缺乏表现平台或者缺乏足够的公平竞争机制等，当你发现这些之后，你的思想将很难保持原有的那种伪装的平静，而是更加愿意主动去寻求突破。

其次，职场人应该围绕自己可能获取的资源来形成思想，而不是根据现在握有的资源去限制自己的思想，这样，你就能找到充分空间去突破自身的现有状况，并获得改变的勇气。

总之，只有不断根据自己潜力发挥的程度去检验自身的思想，不断保持高昂的斗志，才能做到追求完美、积极进取，努力寻找更高远的目标，并将所谓的不可能变成真正的可能。

成人后的心态调整方法

心态有怎样的意义？事实上，一个人在成人之后，其知识储备、性格特征和工作能力基本都已经形成，即使改变也幅度不大，但心态却能在成人之后仍然不断变化，发挥其重要的作用。因此，从某种程度上来说，心态是可以决定人生高度的。一个人如果能够调整好自己的心态，就能让理智和谐的思想浸润自己，并获得积极进取的推动力。

在职场中，人们最需要的是一种阳光般的心态。这种心态的特点是平常心作为基调，积极性作为主题，知足心作为常态，感恩心作为辅助，这样的心智模式，能够帮助职场人随时保持良好心态去获取他们的成功，体验追逐成功的过程。

当然，拥有良好心态的职场人并非完全远离困难，只是他们更容易摆脱这样的负面情绪，回到积极进取的快乐工作心态中。更重要的是，当他们具有这样的心态后，就能积极影响自我和周围，带动整个团队，在工作中寻找快乐并制造快乐。

拥有良好心态的职场人，能够采用积极的思维去看待工作中的人和事，会将事情以更好的角度思考和设计，他们还能够迅速控制并转变工作中的消极情绪，并做到真诚、习惯地帮助他人，同时积极主动地自我反省和自我改变。

调整自己的心态，其实并非只适用于那些事业刚刚起步的职场普通人，即使是像爱迪生这样的发明大师，也需要具有积极的心态。

爱迪生曾经想要通过试验，从几千种材料中找出最适合做电灯灯丝的新材料，他为此而进行了大量的试验。当试验做到第两千次后，助手因此而垂头丧气地说："爱迪生先生，我们已经做了两千次试验，但却都没有结果。"

"明明有结果啊。"爱迪生充满热情地说，"怎么会没有结果？我们明明有了了不起的发现——我们发现了两千种不适合做电灯灯丝的材料！"

正如案例中那样，面对同一个问题，面对同样的困难，从不同的角度来看，拥有不同的心态，就能得出不同的结论。

因此，职场人一定要学会树立积极正确的心态，保持健康阳光的态度去工作。这样，职场人就不会被负面情绪所影响，始终能够保持乐观向上的工作状态。

树立积极心态的方法有很多。

首先，积极的心态需要职场人能够正视自身在职场中的位置，不应过分评价自身的作用，也不应过分夸大自身的优点，看到自身的缺点、发现自身进步的空间，这样，才能承受外界的批评，拥有健康向上的心态。

其次，积极的心态需要职场人保持不畏失败的勇气，要相信失败之后迟早会获得成功，将成功看作应有的必然，保持强烈的成功欲望。

最后，积极的心态需要职场人多和不同的人进行坦诚的交流，只有通过这样的交流，才能获得对方的工作经验，明确对方的想法，帮助你理解更多的未知情况，接受更多未知的可能。

总之，当我们进入职场后，社会的大门向我们敞开，而我们则更需要用良好的心态来迎接这样的挑战。因此，掌握好心态锻炼方法，是职场人至关重要的自我修炼。

第四章

职场无价，感恩长存

——以感恩和价值为基础，培养你的职业素养

怀抱感恩之心，修炼情绪智慧——情商

美国哈佛大学的情商研究课

众所周知，在美国，诸多卓越人物都来自哈佛大学，曾经是这座高等学府中的普通学子。如富兰克林·罗斯福、约翰·肯尼迪等美国总统，乔治·明洛特、爱德华·波希尔等诺贝尔获奖者，比尔·盖茨、路易斯·郭士纳等商业领袖，都是从哈佛大学走向职场、走向成功的。

哈佛大学有着怎样的魔力，能够培养出如此多的职场优秀人物呢？那是因为，在哈佛，学习成绩的高低绝对不是唯一的评判砝码。

哈佛大学有着将近 400 年的建校历史，是名副其实的世界顶尖名校，甚至比美国这个国家的建国历史还要早。它之所以能够培养出众多人才，能够用哈佛的文凭组建起美国的精英圈子，很大程度上是因为在哈佛，他们相当注重学生的情商培养。

哈佛大学开设的情商课程，主要包括以下三个方面的内容：

一是了解学生自身的情绪能力。在这一课程中，学生应该学会如何去在最短时间内察觉自身情绪，并了解情绪产生的具体原因。

二是控制学生自身的情绪能力。在这一课程中，学生应该学会如何去安抚自己并迅速摆脱如焦虑、忧郁等刺激性负面情绪。

三是激励学生自身的情绪能力。在这一课程中，学生应该学会积极调整情绪，让自己能够带着稳定情绪，朝着既定的目标工作，并因此而增强自己的注意力和创造力。

在哈佛，整个校园文化中都浸润着情商教育。例如，哈佛图书馆墙壁上悬挂的校训是："谁也不能随随便便成功，它来自彻底的自我控制力和毅力。"可见，情商教育的一个重要部分，就是学会接受自己的情绪，然后控制好自己的行为，让行为不要完全被情绪所控制。

这样的事实说明，在这样的时代中，谁真正了解自己的情绪，谁就能做到充分而合理地对它加以利用，就能做到对它们的操控和驾驭；谁不了解自身的情绪，就只能无助地听从其摆布，而成为自己情绪的仆从。

那么，对于暂时没有机会去哈佛接受情商课教育的职场人来说，如何通过自身的积极准备去了解这样的改变过程。实际上，这样的途径并不困难。

首先，你可以通过别人对立的评价来认知自己的情绪。需要明确的是，他人的评价虽然并不一定让你高兴，但还是比自身的主观评价带有更多客观性。因此，正确对待他人的评价，做到认知完整、分析客观，就能真正了解自己的情绪特点。当然，这并不意味着要完全将自己的看法建立在他人的评价上，否则也容易失去个人影响情绪的能力，而可能严重束缚自己。

其次，职场人应该通过丰富有效的工作阅历来了解和认识自己。不要过多地从外界找原因，而是要经常自省并重塑自己。这是因为，在成功和挫折的对比中，都能反映出个人的情绪和性格特点。因此，职场人应该通过自身成功或者失败的经验教训，从而发现自身的情绪特点，在自我的反省过程中重新认识自身，并牢固把握自己的情绪走向。

情商主宰着人生的80%

职场中，或许你想要的很多成功资源都有所欠缺，这并不奇怪。但是，职场中唯独不能缺少积极的情绪。当情绪健康、心态向上时，你会发现工作充满希望，职场生活会过得丰富充实，根本没有时间去抱怨和等待；反之，当情绪消极、心态灰暗时，工作就无法主动积极，始终觉得自己看不到未来的发展方向。

情商如此影响深远，是因为它贯穿于一个人工作生涯乃至整个人生的始终。在过去的传统观点中曾经出现过“智商论”，即一个人是否能在自己的一生中获得远大成就，主要取决于其智力水平，智商越高，获取成就的可能性就越大。但是，今天的心理学家、教育学家和成功学家们早就发现，情商水平的高低，对一个人是否可以取得成功、获得幸福同样具有重大影响作用，甚至对于普通人来说，其作用要超过单纯的智力因素。

1983年，美国著名的心理学家霍华德·加德纳提出，智商是会伴随年龄增长而得到应有提高的。但是，智商并不仅仅体现在一个人的标准智商测试结果上，而是表现为解决问题或者创造价值的能力上，因此，智商可以分为“多重”，包括逻辑智商、语言智商、空间智商、音乐智商、身体智商等，同样也包括了情绪智商。

尽管一些人觉得，情绪智商的作用与其他智商相比似乎并不那么重要，但是不可否认的是，即使在职场工作中，我们也有将近80%的工作行为是在情绪影响下或多或少依靠感觉而完成的。

例如，当我们处于困境或者逆境的时候，就容易产生不良的负面情绪，而这样的负面情绪如果经受了长期的压抑，而导致无法正确释放时，就会产生情绪化的行为。那些高情商的人，会懂得在必要的情况下，将消极的情绪进行适当的宣泄和释放，例如，找同事或者朋友交流沟通，在工作中寻找自己的兴奋点，在休息时间找一些富有乐趣的事情做，从而积极地调整自己的情绪。在这个过程中，情绪智商起到了很大作用。

职场人想要学会正确培养自己的高情商，应该坚持做到如下几点：

首先，应该承认自身情绪的弱点。情绪本身没有好坏之分，但反映在人的心理波动和行为变化上，情绪倾向就产生了优点和弱点。因此，职场人必须要充分认识自己的情绪变化，不能选择回避，更不能选择任其发展。例如，当职场人冲动的时候，很容易控制不住自己的言行举止。而这种情况下需要做的是先承认自己有这样的情商方面的弱点，并在此基础上，认真分析自己冲动的原因，并在接下来的工作过程中想方设法加以克服。

其次，职场人要学会控制好自己的欲望。一些人虽然了解情绪智商的重要性，却无法获得良好的情商，是因为自身的欲望太高得不到满足而导致的。当一个人的行动不能满足其过高需求时，情绪就容易产生波动，并导致接下来的行为变得草率而简单，容易产生过分短视的反应，并出现不良的情绪化行为。因此，职场人应该学会降低对工作成果的过高期待，摆正自身利益和付出之间的关系，这样才能不断提高自己的情商。

最后，职场人还应该学会正确面对工作中存在的种种矛盾和问题。诚然，职场上不可能一片美好，但职场人也应该学会充分观察问题的各个层面，多看积极有利的因素，多寻找到自身工作的意义、人生的价值，在自己的情绪中增添乐观因素，从而获取克服职场中困难的勇气，并增添工作的信心、成功的希望。这样，职场上你的情商表现才会不断向上。

在工作中悟透人生真理

在感恩中成长，在成长中分享喜悦

我的学员中不乏工作表现出色的企业管理者。某次，一位工作优秀的经理人打算辞职，想要事先征询我的意见。我了解了他的基本情况，原来，他之所以想要辞职，是因为工作中他的部门总监总是对他抱有成见，对他态度严厉，稍微出现一点错误就加以批评处罚。而即使工作任务完成得好，得到的也往往是更多的任务。

对此，我向他提出了两个问题：第一，工作这么长时间来，哪一个阶段工作的能力上升最快？他不假思索地说这两年上升最快。第二，这两年工作收入如何？他还是不假思索地说这两年收入最多。

我最后的问题是：你在这样的总监手下工作，得到了能力的上升，又得到了收入的上升，为什么不仅不感谢他，还想要辞职呢?这样的问题让该学员恍然大悟，重新调整了自己的工作心态。

其实，在职场上的成长并非都是发自自我的，很多情况下，正是因为有了工作环境所给出的压力，职场人才能改变惰性，形成良好的工作习惯。因此，对于这些压力，职场人应该抱有感恩的态度，享受这种痛并快乐着的成长过程。

职场中，我们要学会充分的感恩，才能得到快乐的收获。

首先，要学会感谢那些给你提供工作和成长平台的人。在职场中，如果没有足够的平台，也就意味着没有成长和发展的空间。因此，如果领导能提供充分发展的空间，能够让职场人有机会表现自己的才能，这就意味着职场人将能够获得未来升值的希望。对这样的人，你有什么不感恩的理由呢?

其次，要感恩那些愿意在职场中指导你的人。一些老同事或许态度缺乏和蔼、批评人不留情面，然而，如果他能够指出你的不足，能够不予保留地将自己的工作方法展现给你，帮助和督促你改掉自己的坏习惯，那么，就应该对这样的人怀有敬意，并能够积极感恩。

再次，还应该感恩你在职场中的竞争对手。众所周知，自然界中，动物需要有天敌的存在才能保证种群生命力的强大，而在职场中，你的竞争对手在某种程度上来说比起你的朋友更能促进你的成长。因此，职场人应该将和他人合理的竞争看成工作中的一种乐趣，将竞争当成另一种形式的成长动力。

最后，还应该学会感谢那些愿意为你承担责任的领导。只有这样的领导，才会不断发现你的优点，同时包容你的缺点，他们愿意承担自己应有的责任，而不是像其他领导那样，一旦工作出现错误，只会让下属承担责任。因此，一旦遇到能够主动承担自身责任的领导，职场人应该加以积极的追随和感谢，和其共同工作，获取成长与收获的快乐。

行走职场，想要获得成长的收获和快乐，就需要带有感恩的心态。通过感谢应有的支持，你可以让他人更加理解你的立场，更加支持你的工作，更加忠诚于你的合作关系，更加捍卫你的利益。只有会感恩的人，才能工作得更加充实、更加快乐，才能在未来的工作过程中走得更高远。

工作是人生的必修课

一个人真正成熟的重要标志，在于他如何界定快乐的来源。当一个人发现，自己人生中的真正幸福有许多部分来自自己的事业、来自自己的工作时，当他发现自身个人价值的体现也来自职场时，可以说，他已经明白了工作是人生的必修课。

2004年，美国密苏里州州政府的一位全职雇员庆祝了自己的生日，令人难以想象的是，这已经是她人生中第90个生日了。但是这位名叫弗吉尼亚·艾伦的女士表示，自己打算再工作十年才选择退休。

在此之前的五年多内，艾伦一直担任密苏里州某市机动车辆部门和驾照办公室的接待员。她的工作是在这个办公室迎接来办事的民众，帮助他们熟悉办事程序，并确保他们带上了正确的文件。

艾伦的上司说，她在办公室有着很多良好的工作记录，和前来办事的许多人都成了朋友，一些民众特意绕来办事，居然就是为了看看这位传奇的老员工。事实上，艾伦已经成为了整个办公室的重要人物。

艾伦的经历也很奇特，结婚以后到55岁前，她都忙于家庭而没有工作，但后来丈夫病倒了，她不得不重新进入职场。最初，她在一家邮局工作，此后所从事的工作几乎都是为人服务和交流的。即使艾伦是一位有了3个重重孙的90岁高龄的人，她依然享受着自己的生活和职场。

相比艾伦，今天许多年轻的职场人却总是半开玩笑半认真地说“如果中彩票就好了”“如果有人养我就好了”，言下之意就是“离开职场最好”。为什么他们都会将工作看作生命中不得不背负的负担，而不能从中找到乐趣呢？

其实，工作不仅是为了满足生活需要而寻找金钱报酬等物质的手段，也是对每个人来说可以具有更加深远、崇高价值和意义的长期行为。工作能够帮助每个人磨炼性格、提升人性，其目的不仅仅是为了简单地获得生存所需的物质。因此，专心致志地将工作看成人生的重要内容是正确的，因为通过工作，才能获得精神磨炼、心性提高。

将工作看成人生中的重要内容，意味着每个人在各自的领域需要努力付出，珍惜好每个工作瞬间，争取既创造出物质价值，又能为自己的生活带来更多充实。因此，工作的努力，并不是要我们远离世俗社会。因为工作的现场本身就是人生锻炼修行的重要舞台。

通过每一天的辛勤工作，我们将不断接近高尚的人格和美好的人生。

真正将工作当成人生必修课的人，会努力做好下面这几项事情：

首先，做好自己的工作规划。不少人经常为了周末去哪里度假而规划，又或者为了一次远门旅行而规划，甚至为了一顿晚餐而规划，因此，对生命中占据重要位置的职场工作进行充分的规划更有必要。例如，选择自己的工作重心、选择自己的工作发展方向，或者挑选自己的合作伙伴、合作模式等。总之，只有越早在职场中进行规划，一个人的职场路径才越顺利。

其次，即使在工作不尽如人意的情况下，也要保持对工作的思考和关注。诚然，不可能每个人都在职场上有充分的机会，但机会总是留给有充分准备的人，如果一个人以工作并不顺利为借口，而不关注工作，那么，即使能够改变人生的机会到来时，他依然会与其擦肩而过，只能面对工作的持续平淡而无所作为。归根结底，这是因为他从来没有将工作看作人生的重要事情而导致的。

最后，正因为工作是人生重要的必修课，因此，为了工作担负一些必要的风险是正确的。只有先为工作付出一定的牺牲、忍受一定的压力，才能体会到未来成功的甘甜，享受未来的人生。因此，能否学会将工作当成人生的重要事情来加以投入并承担风险，将决定职场人的工作质量和工作前途。

努力工作才是成功之道

什么是成功？成功就一定是名车别墅、黄金钻戒吗？成功就一定是声名显赫、万世流芳吗？其实，真正成功的人很少这样看。如果成功就等于财富，那么我们无法解释乔布斯为什么在富可敌国之后还想要不断进取而创造新的奇迹，也无法理解沃尔玛的创始人山姆·沃尔顿会终身工作乐此不疲。

其实，努力工作，才是真正的成功之道。

工作顺利后产生的那种喜悦，是蕴藏在人类与生俱来的本能中的喜悦。会努力工作的人，不如喜欢努力工作的人；喜欢努力工作的人，不如将努力工作当成乐趣的人。一个人只有真正将努力工作的状态看成成功的状态，他才能从工作中找到乐趣和幸福。只有在努力工作的状态下，他才能在满足自己的生活需要的同时也找到自己的价值。

任何人的价值，都应该是对他人有所裨益，因此，我们每个人的价值，都应该是在服务于社会的过程中所自然积累的。因此，努力工作才能获得成功，反之，不愿意努力工作，只是将目光集中在物质利益上，那么，工作无法完成好，人生也无法圆满美好。

实际上，努力工作的机会来之不易。一个人不论进入怎样的工作行业，只要能够找到自己的立足之地，就应该在岗位上努力。这是因为，工作岗位并非为某个特定的员工而设置的，只有那些愿意努力的人才配得起这样的工作岗位，这也就意味着，如果你不能真正努力工作，你就有可能失去这样的岗位。

那么，怎样才能做好努力工作的实践？相信下面的这些建议能很好地帮助你。

首先，学会做好那些苦差事。做好苦差事，不仅是努力工作的表现，同时也是为今后有充分能力努力工作所做出的积累。因此，在办公室中整理文件、跑腿打杂这样的苦差事，尤其对于初进职场者来说不应该加以回避，而是将之作为努力工作的起点。

其次，学会多说“是”，尤其在面对老板或上司时，你不应表现出计较、算计的一面，而是要坚决表态、坚决完成。当职场人在说“是”的时候，要记住这样的承诺代表你将会为了自己和集体而付出努力，开创美好的未来，获取更多的承认，并得到更好的发展。当然，在这样的过程中，职场人应该乐意于接受甚至主动要求一些“额外”的工作。例如，在一些对外的活动中，或许集体中没有分担太多工作给你，但你有必要让他们看到，你随时乐于承担临时分配给你的工作。另外，当你发现自己面临着一些能够完成的工作时，就要主动投入，而不是轻易去要求支援。

例如，曾经有位学员在一家企业担任营销部门团队中一位普通的助手，在某次活动中，企业邀请了两三名明星作为代言人参加发布会，当这些明星到来时，团队的其他人恰好都去准备其他方面的工作了，于是，这位年轻的学员就毛遂自荐，请示上级之后，主动和会务组织方共同召集了他们进行试演。连续两个晚上，她工作得相当投入，并克服了种种困难，最后获得了圆满的结果。

当然，努力工作，还少不了对若干工作细节的注意。

例如，对于任何员工来说，准时到达公司都是相当重要的努力方面——可以说，一个人即使在其他方面再努力，但却总是迟到的话，都会给人带来“工作不认真”的误解。又如，学会及时完成工作而不拖延，当职场人学会迅速处理手头工作之后，才会让整个集体认识到其工作的高效，并认可其努力程度。

另外，努力工作的同时，还应该努力发展人际关系，包括和同事发展关系、和老板发展关系等。要做到全方位的努力，不仅仅在工作成绩上，还要在人格魅力上加以提高积累，才能获取智慧和成功。

扮演好生命中的每一个角色

当今的职场，早已经不是传说中靠个人能力打拼的时代，而是讲究分工与合作的团队年代。因此，扮演好职场中的每个角色，显得异常重要。当一个人能够在职场上扮演好其角色时，可以说他人生中相当重要的角色就得到了落实。

有这样一个故事：

在美国首次登月行动中，有两名航天员，除了为人熟悉的阿姆斯特朗之外，另一位是奥德伦。在庆祝登月成功的记者会上，有记者问了奥德伦这样的问题："阿姆斯特朗先下了太空舱，成为登月成功第一人，你会不会因此而遗憾?"

奥德伦很有风度地笑着说："各位不要忘记，回到地球以后，我是第一个出太空舱的，所以，我是从其他星球回来的人类第一人。"

现场响起会意的笑声，随之爆发出热烈的掌声。其实，奥德伦并不在意他人怎么看，只要扮演好登月行动中属于自己的角色就足够了。

职场中，每个人待在自己的组织中，组织必然会对你的岗位有所期待，而这样的期待就是你生命中的工作角色。工作角色定位正确，职场人就会对自身的工作有清晰准确的定位，并寻找到属于自己的发展途径。反之，如果工作角色定位错误，尽管职场人可能很努力，但也有可能工作的结果依然是事倍功半。

为什么在职场中需要找准自己的角色定位？这是因为，角色定位准确，就是找对自身的职场位置。在一个组织中，如果每个人总是按照自己的想法去定位自身的角色，那么，不仅他们自己会感到痛苦，而且会因对整个集体产生混乱而无法顺利完成工作。

其实，每个人的职场角色一开始都不是那么稳定的，甚至有可能和周围环境充满矛盾。但伴随着每个人在职场中的成长，都能因为工作的发展、经验的积累和对周围环境的磨合，获得不同程度的角色转变，在不经意间获得足够的成长变化。因此，职场人并不必期待在短期内就能得到让自己充分满意的角色，而是应该先尽到自己的责任，做好自己的工作，保证担负好目前的角色，从而期待未来的改变和提升。

想要承担好目前的角色，就要打造好自己的职场角色根基。

首先，职场人要和整个企业建立共同的价值观。在职场中，一方面，你要表现出自身的个性能力；另一方面，你也需要让自身的根基和整个企业联系起来。在这方面，职场人需要通过不断地寻找职场中的老师，学习经验，了解企业文化，从而改变自身的价值观，和企业整体站在一起。

其次，努力和领导、同事们沟通，不断明确自身的职场角色。在工作中，每个人的职场角色经常不断变化。因此，只有做好沟通，才能明白在动态化的职场变化中，自己究竟应该担任怎样的角色。这样，才能在激烈的职场竞争中始终因为坚守自己应有的角色而保持领先，在企业内部始终获得认可和重视。

最后，为了扮演好职场的角色，你同时还应该扮演好自己的人生角色。在家庭中担任一个负责的成员，在朋友圈中成为一个忠诚的伙伴，在社会生活中做一名负责自律的公民，这样，你才能够有稳定的生活规律和积极的情绪来融入职场。

商业世界中的因果法则

职场有时候简单，但有时候又很复杂。在职场中，每天都可能有种种看似难以解释的问题在干扰我们：为什么同样在一家企业中，有的人过得很好，风生水起、有滋有味；而有的人却始终在为基本的工作而奔波不停？实际上，这样的问题许多职场人从来没有弄明白，甚至根本没有考虑过需要弄明白。

想要真正解释这些看似不合理的现象，职场人首先应该了解商业世界中一个显然存在但却并不为人所重视的法则：因果法则。

什么是因果法则？用最简单的话来说，因就是种子，而果就是果实。传统文化中所谓的“种瓜得瓜，种豆得豆”，就是典型的因果法则。而如果明明种下的因是瓜，但想要获得的是豆，那么，就是对因果法则的违背。

当然，在商业世界中的因果法则，并没有传统文化中表现得如此直接。可以说，商业世界中的因果法则有着下列特点：

首先，具有相互转化的特点。例如，因可以转化为果，果同时也能转化为因。这是因为在职场中，多方的利益往往纠缠在一起，不同工作的程序相互影响连接，因此，一件事情的结果，有可能是另一件事情的起因；一种状态的结束，也有可能是另一种状态的开始。

其次，在这样的相互转化过程中，因果又表现出了前后连续的特点。当因的多方面因素出现之后，通过工作的运行，最终会导致出结果；反之，既然职场中最终呈现出不同的格局、不同的关系，那么，其背后也有运行了很长时间的因。

最后，如此前后连续的过程，是循环不息的。例如，当一家企业通过策划、设计、指导和执行了优秀的市场营销政策之后，获得了产品在销售上的长足进步，这显然是先有了政策上的因，才体现了销售成绩上的果，而产品销售本身的进步，又会成为一种新的因，去推动企业进一步的提升，并对员工提出更高的要求，出现更好的果。

在这样的过程中，每个职场人本身都是因和果的组成单元，都用自己的行为在不断塑造着因果关系。同样，他们个人能否获得自己想要的利益，能否得到自己想要的未来，也无疑伴随这些因果关系而呈现出不同的成败格局。

因此，职场人必须要学会重视因果关系，不仅要关注眼前的行动所能够直接带来的结果，还要看到这些工作行动、工作方法和工作态度会给整个企业、团队乃至自我带来的长远结果。只有这样，职场人的眼光才能放长远，才能更多地看到企业整体的运行和自己在其中所起到的作用。

在因果关系中，你应该学会注意以下几个因素：首先是时间，即在恰当的时间做恰当的事情，这样才能得到正确的结果；其次是环境，即正确认识环境因素加以行动的选择；最后是人际关系，即在深入合作之前，就培养良好的人际关系，并将之作为成功的一大重要因素来看待。

通过上述的行动，你才能明确自己如何利用目前的多方面因素，形成良好的因果关系，并利用这样的因果关系促成更大范围的良性因果循环，为企业带来足够的利益，从而彰显你在职场上的价值。

正确运用语言化解压力

语言是门艺术

职场充满压力，而不断累积的压力，有可能导致原本能力出众的职场人在重压下无法创造出应有的工作业绩。因此，职场人需要懂得如何利用正确的减压方法来改变自己的状态，进一步提高自己的职业素养，获取良好的职场成绩。

在诸多减压的方法中，自我暗示法是一种相当常见的方法，能够普遍运用于不同的职业环境中。通过职场人自己进行的暗示，能够让其自身的身心技能发生有效变化，而其中语言所起到的作用更加不可忽视。

实际上，运用自我暗示法去调整情绪、释放压力，主要通过语言的暗示。例如，在发怒时，职场人应该经常用这样的明确语言提醒自己："不要随便发怒，发怒只会让事情更糟。"而陷入负面情绪时，则可以提醒自己："发愁没用，还是面对现实吧。"在焦躁的时候，应该对自己给出明确的警告："不要急，越急越出错！"而当内心面对着冲突时，应该用温和的语言给自己这样的安抚："一切迟早都会过去，以前的困难都解决了，这一次也会一样。"

同样，在遇到了挫折之后，职场人不妨先冷静下来，坐下来看看究竟有多少问题，然后用坚定的语言告诉自己："我可以胜任！""我会成功！""别人能办到的，我也能办到！"

正是通过诸如以上的这些语言，职场人随时随地都可以为自己准备压力上的“语言疗法”。通过不断重复这些语言，职场人将能够游刃有余地面对那些常见的工作压力，并予以一一化解。

实际上，语言不仅能够起到自我暗示的作用，还能够对日常工作中常见的压力加以积极处理。例如，当同事请求你帮助他们完成工作任务时，有可能给你造成实际压力，而这时需要做的就是利用语言来化解压力。比如，通过描述自己目前的工作任务，使得对方主动放弃求助，或者通过向对方解释你的压力，引起他们的理解等。

另一种情况下，当你在职场上面临着他人的行为带来的愤怒、挫折感等压力而无法宣泄时，不妨积极勇敢地用正确的语言适当地表达出你的想法，诚实表达意见，同时又不会显得失礼。这样的语言在当你成为他人的领导者时，也往往能够奏效，例如，在批评下属之前，不妨先用这样的语言来加以平衡：“××，我知道你现在的工作态度很不错，能够取得目前的进步，我觉得你付出了很多，不过，要注意在……”这样的话语不仅精确，同时也有足够的弹性，充满了化解压力的艺术性。

语言在职场中扮演的不仅仅是一种沟通工具，而且也是一种化解麻烦的工具。不少人在工作中都会碰到冲突的情况，而在冲突中要更加谨慎地选择自身所使用的语言，注意其诚实、自信、得体和理性。例如，在冲突中，有一个典型的语言技巧为“保持中立”角度，即将对方语言中的明确立场转化为中立立场。如，当有同事或者下属向你抱怨“我不晓得怎么和老板共事”的时候，你完全可以用语言将之改为“是说怎样改善和老板的关系吧”。

总之，在职场，语言是门艺术，这门艺术运用得好，就能够轻松化解许多原本就不需要面对的压力。而让语言成为这样的艺术，你需要做到的是让语言更加准确、清晰、生动和灵活，能够随机应变，并且有效合理。

优秀人才必备的八种语言

想要在职场中成长为一名优秀人才，你必须了解和使用下面的八种语言。通过对它们的掌握，你将获得更好的减压效果，同时得到良好的工作人际关系。

语言一：工作语言

对工作语言的使用主要体现在日常职场工作中和同事、上司、客户的交谈沟通中。在这方面，你必须做到的基本要求是语言清楚、真实、简练，而更高的要求则是能够随机应变，结合不同的环境和情况，使用不同风格与内容的语言。

同时，工作语言的使用禁忌一定要牢记。如“不是我的错”“和我没关系”“这是你们的事情”“这方面我不懂”等语言千万不能说出。

语言二：书面语言

不少职场人认为，写文章只是办公室文员、秘书们所做的事情，其他岗位的员工没有什么必要去练习自己的书面表达能力。然而，当老板或者客户需要看到他们的书面报告、策划或者设计方案时，他们却迟迟写不出来，即使写得出来也很难让他人满意。实际上，书面语言能力和口头语言表达同样重要，能写一手漂亮文章，和擅长口头交流沟通一样也能够增强他人的好感。

语言三：肢体语言

在职场中，不少人和他人交流时，都会偶尔有些肢体上的变化。

职场人不仅应该关注这些从肢体中表露出的语言，更需要利用好自己的肢体语言来传递想法。事实上，在许多交流过程中，肢体语言占据了55%以上的交流方式。

例如，一些职场人士在交流时喜欢摆出两手交叉的姿势，这种姿势常常给人以冷漠的感觉，属于比较自我主义的人士。而那种双手抱住手臂的动作，则表明不太愿意主动交流，也并不是比较积极的肢体语言。而碰碰鼻子这样的肢体动作，则和说谎有关系。类似上面这样的肢体语言，都不应该出现在你的肢体语言运用过程中。

一些积极的肢体语言既能表达出友好的态度，又能展现出你的诚意，例如，将双手放在桌上，主动和对方握手，和对方坐得近一点，或者在交谈中点头等。类似这样的肢体语言，应该适当运用，从而起到良好的交流效果。

语言四：表情语言

同肢体语言一样，表情语言也很容易展现出你内心的态度，并被他人观察从而影响双方之间的关系。因此，职场人应该学会管理自己的表情。例如，频繁的皱眉，常常会给人以不耐烦、讨厌的感觉，反之，发自内心的微笑，则能够带给人温和喜悦的感受。

在职场中，你有必要防止表情对他人的无意伤害。曾经有位学员告诉我，他们部门的管理者是个体育迷，一旦碰到自己心爱的球队输球后，第二天的工作表情就阴云密布，让同事和员工都无所适从。这正是典型的表情语言错误所产生的问题。

语言五：化妆语言

对职场中的女性来说，让人有信任感和安全感的容貌也同样是一种有效的语言，甚至能成为职业女性在职场中提升自我的捷径。

因此，职场女性起码要注意下面的化妆语言：首先，要化办公室淡妆，这样才能表现出起码的尊重，是化妆语言的基本态度；其次，职场的化妆应该以淡雅和清爽作为原则；最后，如果工作固定，接触固定的人，就应该保持稳定的妆型，否则容易给人造成不稳定的感觉。

语言六：服装语言

职场中，服装也同样是一种无声的语言，在表达每个人的职场素养。因此，挑选合适的服装就显得相当重要。

服装语言的总体原则是，让服装适合你所扮演的角色、融入周围环境。例如，一位职业会计师的穿着就不能显得休闲随意，甚至不能太亲和，选择一些看上去沉稳的套装，会让客户有很大的认可。总体原则上，不论男女，都要避免服装过于时髦或者过于潇洒，当然，过于正式也没有必要，做到平淡、朴素，适合工作环境就是最好的表达方式。

语言七：距离语言

职场中，和其他人交往的距离实际上也是一种双方默认的语言。当你能够合适地处理同他人交流时双方的距离后，会得到他人默契的认同，并进而得到尊重。

心理学家发现，46～61cm，是亲密空间，通常，职场上不能使用这样的空间进行交流；61～120cm，是私人空间，表现为伸手能够握到对方的手，但并不会接触到对方的身体，在这样的距离中，讨论较为私下的事情很适合，职场中比较亲密的合作伙伴适合采取这样的距离；120～360cm，是社交距离，属于礼节上的正式交往语言，通常来说，办公室中的员工、同事以及普通客户可以采用这种距离。

语言八：场景语言

选择怎样的场景进行交流沟通，同样能够表达出职场人的素养。例如，选择较为正式的场景如会议室等，适合做出正式交流的铺垫；而选择较为随心的场景如吸烟室、餐厅等，无疑是告诉对方可以较为随意地交流。

总之，只有掌握好上述八种语言，职场人才能轻松自如地驾驭职场中的沟通语言而不违反禁忌，取得良好的职场生存和发展氛围，获得明确的支持和理解。

第五章
众人拾柴火焰高
——以团队精神为根本，激活个人与团队素质

培养团队精神与团队意识

什么是团队精神与团队意识

职场发展到今日，其中每个人的社会属性显得尤其明显和重要。而影响人的社会属性的，在于团队精神和团队意识。可以说，团队精神体现的是一个人和他人合作的精神，团队意识体现的是一个人有多大的敏感性去积极和他人合作，这两种因素决定了职场人的社会属性是否适合在今天的企业组织内部获得积极发展。

而从整体上来看，首先，团队精神能够凝聚团队成员的价值，将他们有效地连接在一起，从而激发个人的能力并影响其他人的表现。例如，团队精神会引发个体行为的改变，形成其自身工作的规范，并表现出整个团队的行为风格与准则。其次，团队精神和团队意识能够让团队中不同个体的期望值接近一致，并形成团队所要达成的目标。最后，团队精神和团队意识还能让团队内部的个体之间

相互帮助和信息共享的效率提高，直接影响整个团队。同时，一个优秀的团队所必要的凝聚力，也需要从团队精神和团队意识中得来。

雅虎公司的面试过程中，有一道开放的面试程序。这道程序通常这样进行：首先由考官在大量的简历中筛选出基本条件能够符合要求的面试者，然后面试者会像开座谈会一样，同考官围坐在会议室。由考官发给每位面试者一道考题，其中包括自我介绍、对公司的了解和看法，以及应聘成功后的想法等。在一定时间准备后，要求应聘者能够用英文在规定时间中回答上述问题。而当每位应聘者作答时，由其他应聘者来打分。最后，考官会将每个人的打分情况进行整理，并综合考察。

事实上，打分这样的权力交给面试者的竞争对手是别有深意的。这种面试的目的，并不仅仅在于得到一个“公平”的分数，而是要在面试过程中观察应聘者们的团队精神和团队意识，并判断他们是否善于和别人沟通合作。

这样的案例说明，企业组织并不仅仅需要优秀的人才做员工，更不是招聘一个专家团队，而是需要招聘具有团队精神和团队意识的全力执行者。

因此，只有具备团队精神和团队意识的员工，才能在职场上获得最基础的起步点。为此，职场人应该努力加强团队精神，应该努力坚定信念，相信团队之间合作的力量；要明白取得业绩必须要依靠集体的努力，而并非仅仅依靠个人的努力。同时，还应该及时放下自己的偏见，做到接纳团队中他人的意见。

具体来说，职场人应该和团队同事共同筹划团队的工作愿景、工作目标、工作规则和团队文化，同时培养出共同的价值观，了解你的同事有怎样的个人目标，并在必要情况下不要吝啬自己对他们的帮助。只有这样，才能积极推进自己的团队精神和团队意识，同时，也帮助整个团队建设这样的精神和意识。

一个人如果想在职场上取得良好的工作业绩，追求个人的发展成就，必须要记住以下规则：永远不要将个人的利益放在团队利益之上，否则，团队精神和团队意识就会荡然无存。而一个缺乏这种精神的团队，无法给其中的每个个人带来收益。只有用团队精神和团队意识加以积极协调，才能保证自己的成功。

团队合作，实现共赢

自从 1994 年美国组织行为学专家斯蒂芬·罗宾斯首先提出了“团队”的概念之后，在随后的时间里，“团队合作”的理念迅速影响整个世界，改变了无数职场人的想法。团队合作，实际上来自团队精神，但又表现为工作习惯。在这样的工作习惯中，为了达到既定的目标，职场人能够体现出自愿相互帮助、共同努力的精神和行为。正是团队合作，才能充分调动团队成员中每个个体所拥有的资源、智慧和力量，同时自觉地改变那些缺乏公正的现象，给予团队中每个个体应有的回报。尤其是当团队合作的力量处于和谐的状态下时，更加容易产生出持久的集体力量。

在美国的真人秀节目“幸存者游戏”中，团队合作的重要性被直观地表现出来，不妨让我们来看看游戏结果带来的启示。

首先，在一个幸存者团队中，第一批被淘汰的参与者通常都有着明显缺陷，或者刚开始就因为说谎而失去队友的信任。这是因为，有着明显能力缺陷的人，无法在之后艰苦的团队对抗过程中充分参与团队合作，而失去队友信任的人，也同样无法参与到这样的合作中。因此，这样的参与者必须要迅速离开。

其次，在一个幸存者团队中，第二批被淘汰的人，大多数都是那些不愿意和整个团队中其他成员进行充分交流沟通的成员。由于这些人在沟通上的欠缺，整个团队很少有人真正了解他们的想法，因此也就无从谈起合作。相反，那些工作能力较差，但却积极参与沟通的人，往往能够因为沟通效果而获取在团队内较为稳定的位置。

最后，在一个幸存者团队中，最后被淘汰的，则是那些虽然有能力工作但却不愿意和他人合作的成员。这些成员有不同的类型，有的是仅仅想要从团队工作中获得私人利益的，有的是工作能力的确出色但却居功自傲的，还有的是希望观察一下周围人的付出程度再决定自己是否努力的成员……这些成员大都曾经在团队的初期有过自己的贡献，但是当整个团队开始追求进一步发展的时候，他们就会因为合作的问题而成为整个团队发展的桎梏。

可见，想要和团队共同迎来成功，作为团队中的一员，无论你是领导还是其中的成员，都要具备团队合作的意识和能力。你应该从以下几方面做好充分的准备：

首先，做好团队分配给自己的工作。在团队合作中，要将自己岗位的工作做好，完成团队分配给自己的任务，并做到按时、按质完成。只有这样，职场人才不会给整个团队带来麻烦，也只有在这样的前提下，才能去帮助团队中的其他成员。

其次，要学会充分信任团队成员。希望获得他人的信任，你首先应该要信任团队成员。因此，你应该避免猜忌他人，而且要相信他们能够和你协调一致，并对你的工作给予理解和支持。

再次，要学会为其他成员着想。在具体工作中，职场人为自己考虑是可以理解的。但问题是，并非每一项处理工作的方法都会不牵涉他人的利益，职场人必须要学会判断自己选择的方法是否会破坏他人工作的方便，并进行积极的调整。

最后，愿意付出更多。团队中的员工能够多做一些工作，可以让团队的工作进度更加迅速、更加显著，这当然是整个团队都愿意看到的。因此，为了团队合作的成功，适当地完成那些看起来并不是你的责任的工作，能够更好地表现你对于合作的诚意和付出。

总之，在团队中，成员往往是可以替换的，但不能替换的是团队合作的意识。作为单一的职场人，你必须明白，团队少了你依然能够继续运作，但你少了团队的支持很可能一事无成。只有用团队合作来联系你和团队之间的利益，你才能够做到心无旁骛、脚踏实地地不断前行。

化解团队冲突，提升凝聚力

有人的地方，就有可能产生冲突。而团队本身是由不同的人组成并相互作用的组织，因此，团队成员之间出现冲突难以避免。问题的关键是，当团队成员之间产生冲突后，作为团队一分子的职场人应该如何加以面对和解决，这是每个职场人必须掌握的工作技能。

然而，不少职场人并不愿意面对冲突，似乎冲突的出现必然会带来悲观结局，甚至认定出现悲剧必然意味着自己或者团队存在问题，而难以正视。不妨看看下面这个例子。

王海是一家民营制药企业研发小组的负责人，他的上司将一个新药的研制项目交给他。但不久后，他听说，行业内的一家竞争对手已经引进了新技术并研制成功，他们的产品还通过了审批即将上市。

对此，王海主张，应该在国外现有的技术上对本团队研究的项目改进配方、提高生产工艺，这样不仅研发速度快，而且技术风险小，能够搭上同行的“顺风车”。不过，缺点是要向上级申请经费支付一笔技术转让费。而王海的其他同事乃至下属和助手们则提出，应该自主研发出具有独立知识产权的技术，虽然这样必须面临较大的技术风险。

按照团队的规定和惯例，如果这样的分歧继续下去，就要将两个方案拿到整个研发部门的集体会议上讨论再做决策。然而，王海认为，这样的讨论不利于塑造自己良好的团队形象，也缺乏足够的信心去说服反对者。于是，王海私下里找到了部门经理，用了各种方法，甚至用辞职来请求，最终迫使经理出面以公司高管的名义肯定了他的方法，而避免了潜在的部门冲突。

王海松了一口气。然而，作为职场中的一员，我们无法认可他这种解决团队冲突的方法。对于团队冲突，不少职场人都会有这样的担忧：或者担心在团队冲突中得罪他人，或者担心影响自己在团队中的利益和地位，或者害怕团队冲突带来整个团队的分裂。然而，越是害怕，越有可能倒在团队冲突面前，只有不怕冲突，用合理的方法解决，团队冲突才有可能变成双赢。

其实，分析团队冲突的原因，其中很大一部分来自团队内部沟通不畅、信息不对称。每个人的想法不同，缘于他们了解的情况不同，而情况不同则缘于个人获取的信息不同。再加上每个人思考方式、学习背景、工作经验等也各有差异，产生团队冲突并非不合理。

不仅如此，必要的团队冲突对于团队合作是有利的。如果在团队中，人和人没有冲突，始终是彼此保持充分“安全”的差异，那么，合作关系就无法建立起来，相互之间的距离就始终无法缩小。而凡是想要真正有所作为的人组成的团队，也就不可能不发生冲突。

认识到这一点，职场人就能够明白，冲突不可能被消灭，但可以被妥善地处理，从而形成团队共赢局面。

首先，要学会对职场中不同的冲突进行分类。有的冲突属于不同人对待不同事物本质的看法不同，处理这样的冲突要学会了解他人的看法，然后传递自己的观点；有的冲突属于人际关系冲突，对这种冲突的处理要注意运用私人情感……总之，即使表面上类似的冲突，也需要根据实际情况加以分析，然后才能解决。

其次，加强平时沟通能力的锻炼。很多冲突缘于沟通不到位，如果在平时就为自己在团队内赢得良好的沟通形象，并能够减少沟通不畅产生的误会、矛盾，随时加强信息的传递共享，也能很好地减少冲突发生。

最后，要学会理性面对冲突。并非所有冲突都能避免，对于那些可以避免的加以积极避免，对于不能避免的就要将之从恶性转化为良性，同时一旦冲突发生，应该首先尽快对其处理并降低冲突程度。这样，可以有效防止冲突不断扩大。

问自己八个问题

想要在团队中获得认可，得到他人的肯定、喜爱和追随，作为团队组成单位的你需要向自己提出以下八个问题。解答好这些问题，你才能对自己有清楚的认识，并以此观察自己是否有机会融入团队中。

问题一：我最想做的工作是什么

通过对本问题的思考，职场人将会重新观察自己的特点，包括学习经历、工作经验、能力特长等。这样，职场人会客观地描绘自己在团队内最想要和最适合扮演的角色。反之，如果从未思考过这一问题，职场人对自己在团队内的工作缺乏目标，也谈不上去追随自己内心的工作动力。

问题二：我最感兴趣且最擅长的工作是什么

上一个问题更多强调目标，而这个问题更多着眼于当下。对此问题的回答，将帮助职场人看清楚自己的能力范围、内心特点，同时明确自身可以在团队内的何种工作上做出具体的贡献。准确回答这个问题，能够帮助职场人更好地将自己手头的工作同整个团队的利益加以联系。

问题三：我对目前的工作是否满意

这是一个对职场人自身情绪的调查问题。无论是否满意，都能够起到推进、督促职场人继续提升能力、积累经验、重视团队的效果。如果对目前工作不满意，那么，你有必要继续追问自己在哪些方面有所欠缺而导致不满意，并在实际工作中加以解决。

问题四：我能做什么

本问题是最贴近客观实际的。因为在团队中，许多职场人并不可能马上就做到自己擅长或自己想要做的工作，而目前的工作也并不令自己满意。这时候，职场人就只能丢掉不切实际的幻想，然后脚踏实地地分析自己在团队中目前可以做的工作具体是什么。即使这样的答案可能有点令人难以接受，比如，现在能做的可能仅仅只是最简单的工作，但予以明确并发掘其中的价值，总比浑浑噩噩连自己可以做什么都不明白要好得多。

问题五：我的工作标准是什么

诚然，团队的工作标准可能由你的上司一遍遍加以重复，但问题是，如果职场人不了解自己的工作标准，就无法站在团队利益角度来要求自己努力工作，也不清楚通过工作步骤最终应该达到怎样的效果。因此，职场人不妨通过与上司、同事和下属的适当沟通，加上自身对工作的思考和感悟，了解自己应该在怎样的工作标准下努力。

问题六：我希望自身具有怎样的素质和品质

这个问题等于在问职场人自己“想成为怎样的工作者”，即描绘理想状态下的自己。通过寻找自身目前的缺点，并提出相应的改变措施，相信你能够结合目前的工作和环境塑造出自己的理想工作状态，并利用周围的支持加以实践进行。

问题七：我了解别人对自己的期望是什么吗

是否了解团队对自己的要求，决定你和团队配合意识、配合程度的高低。不妨从下面几个方向来了解他人对你有怎样的期望：首先是团队领导希望从你的工作中得到哪些因素来帮助团队获取成绩；

其次是团队同事希望你能够做好哪些领域的工作；最后是整个团队要求你保持怎样的工作态度。将这些期待拼合在一起后，再同问题六的答案加以融合，就是你在团队中的工作方向。

问题八：我了解别人对我的指责有哪些吗

这是一道并不容易回答的问题。但正因为如此，更有必要加以了解。职场人只有明白自己的哪些缺点给团队中其他人造成了影响，带来了麻烦，才能引起内心足够的波动，并予以充分改正。不妨邀请一些关系较好、性格较为坦诚的同事在私下状态中聊天，同时邀请他们帮助你回答这样的问题。

做自己想做的人

在团队中，避免随波逐流是和注重发展合作关系同样重要的事情。设想你正面临这样的情况：

现在是周五的中午，刚刚团队的经理告诉大家，整个团队最重要的客户提出他们想在周一中午就要看见整个团队合作的报告，这份报告需要每个人在周末准备好每个人的内容。而你会怎样选择？

那些具有独立工作思想的人，他们会马上开始行动，做好准备，以便在周末时候将自己的工作内容准备好；反之，那些容易随波逐流的人，会假设整个团队中的其他同事都会无法在周末时间加班准备，然后很快忘记这件事情。

显然，最终的结果是那些坚持能够自己加班的“特立独行”者在团队中做出更大贡献。如果整个团队中的成员都能按照自己的原则来工作，而不思考他人的态度，甚至不会想到去询问他人的态度，反而能够带来整个团队工作能力和工作业绩的提高。

这说明，懂得在一个团队中适当保留自我，做一个自己想做的人，会帮助你成为一个成熟、优秀的团队成员。

和普通的浅层次经验不同，职场中有所成就的人，首先需要保持一定程度的自我个性。说到团队，很多人觉得团队就应该是一个湮没个性、不承认差异的组织，在这个组织中，每个人都没有权力去做他们想做的人，也没有选择工作的机会，而是按照团队所强加的角色唯唯诺诺。但是，正因为有着这样的想法，许多人在职场中失去了自己原本应有的个性，甚至连原有的工作风格和特色都失去了。这样，他们不得不消失在看似相同的行为和理念中，“泯然众人矣”。

事实上，团队合作和保留个人的特性两者并不矛盾。一方面，既然要将不同的人捏合成一个团队，其基本原因就是这些不同的人成为共同的组织之后，能够贡献出不同类型的能力、分享不同的信息、展现不同的思路，而并非完全相同。正因为如此，整个团队才会变得更加富于层次感，有更多的成功机会；另一方面，如果团队精神不能体现出对其中每个成员个性和特点的必要尊重，那么，这样的团队精神势必无法体现出应有的基础，也就失去了继续深化其影响的可能。

因此，职场人必须既要懂得尊重团队合作，具备团队意识，同时，也要了解不能在团队中随波逐流，失去自我。

具体来说，应该从以下几个方面注意提升自我。

首先，做到自信，即相信自己应该保持一定的特点，同时这样的特点能够让你在职场中创造出良好的成绩。更重要的是，这样的自信应该指向于对自己能力的自信，相信自己能成为职场经历的主宰。

其次，做到自立。即确认即使在团队中，也应该凡事首先要靠自己，工作的答案也需要由自己去加以寻找，工作的资源支持也需要由自己去统筹。

再次，做到自强。在团队中，不应过于注意他人的工作态度和行为模式，而是要努力让自己做到最好，成为整个团队中的强者。

最后，做到自尊。即通过完成工作、创造业绩，赢得老板、同事和整个团队的尊重，并提高内心的受尊重感。

如何激活个人与团队素质

优秀人才应具备的七大能力

怎样才能成长为一名职场中的优秀人才？除了寻找良好的平台、把握住重要的机会之外，人才更应该通过全面提高其个人素质来成为他人眼中必不可少的团队核心。

个人的素质往往能够影响到某一项工作中某个环节的质量，并进而影响到整个工作的水平和质量。反之，整个团队即使有着强大的合作能力，一旦因为其中某个成员个人的素质受到限制，就很容易产生木桶效应，即被团队中的短板所限制，并导致团队总体能力下降。

因此，职场人有必要认识到自己应该在以下七个方面提升自己的素质。

能力一：理财能力

现代社会无疑是商品社会，职场中，即使你从事的并非直接和金钱有关的工作，但投资理财能力也依然相当重要。具备一定的理财能力，团队领导者才能放心地将一切有关成本高低、利益增减的工作交付给你，并相信你有足够的能力从经济上分析不同工作方案、不同工作模式的得失。因此，职场人起码应该了解基本的财务常识，并能够从应有的程度上预测和计算财务收支状况，这样才能良好地应对需要的情况。

能力二：丰富的知识面

目前，职场竞争由单纯对学历的看重，已经进化成为对求职者综合能力的考察。因此，更多的职场人会有意识地拓宽自身的知识面，从而为工作能力的培养打好基础，为在团队中扮演重要角色添加砝码。

其中，不同岗位或有着不同发展倾向的员工，应当特别注意积极学习和积累目前或未来所需要的知识。这些知识应该从对行业发展的状况、对行业中竞争者的了解、对市场的观察、对相关专业技术的学习过程中加以获得。同时，还可以通过考取资格证书、接受再教育、参加培训等不同的方式来拓宽知识面，从而提升自己的工作竞争力。

能力三：交际能力

在团队中，善于交往的人，无论其工作能力有怎样的具体差别，起码都在一定程度上扮演着重要角色。而当交际能力和工作能力都能表现出较高水平时，这样的人才更会因为“能文能武”而给他人留下良好印象，博得他人的赏识和青睐，并为自己争取较好的机会。

因此，职场人不妨对自身的交际能力加以训练，并重点学习调节同他人之间交流沟通的气氛，适当地表示出主动并掌控交际的节奏。这样，才能让职场中交往的对象对你尽快从陌生到熟悉，从不了解到认可。

能力四：保持良好的心态和诚信品牌的能力

职场中，优秀人才需要能够真正了解自己，但这并不是件容易的事情，在紧张工作之余，许多人更加容易忘记了解自己。因此，在工作之前，不妨多问问自己是否能够持有良好心态，并让自己在这样的心态下开心、轻松地工作。如果缺乏这样的能力，职场人应该多学会用“内倾”的方式去思考，从而改变自己的心理转台。所谓“内倾”，就是指在出现问题时，积极寻找自身的原因，而并非盲目寻找外界的原因。这样，才能获得良好的掌控心态的能力。

另外，职场人还应该拥有建立良好诚信品牌的能力。利用更多机会，去兑现自己在工作过程中的承诺，从而让他人更好地相信你。这样的能力能够迅速提升你在团队中的印象，并受到应有的重用。

能力五：信任力

有这样一句话：“在职场中，如果你不具备相信他人的能力，最终也会不相信自己。”因此，职场人不妨将对他人的信任积极表现出来，并给予自身工作以正面的影响，从而让自己和团队都能在这样的信任中受益。

能力六：忍耐力

工作本身需要过程，而克服工作中的各种困难、提高工作效率则更需要过程。因此，职场人不应缺少必要的忍耐力。通过形成坚毅性格，始终让自己保持应有的忍耐力量，能够坚守工作岗位，应对职场困难，将可以获得明显带动整个团队士气的工作忍耐力，在不同情况的忍耐过程中，获得事业的成功和进步。

能力七：创新力

创新力，也可以理解为创造力。这种能力代表着职场人的特有素质，并表现出职场人素质的新颖性和独创性。通过训练自己的发散思维，即有目的地通过无明确定向、无具体约束的思维方式，职场人能够提高自己在创新方面的素质，并发挥自身的创造能力，获得团队整体创造成果的扩大，让整个团队能够获取更加鲜明的努力方向。

优秀人才的完善性格

许多职场人都听过这样一句话："性格决定命运。"之所以不少看起来能力相差不大的职场人，最终所取得的职场工作效果各不相同，都是因为其各自的性格表现不同。当每个职场人不知不觉将自身的性格投射到手头工作并融入自身履行的岗位之后，他们都会因为这些性格而展现出不同的自我，并获得不同的价值。因此，一个性格良好的职场人，其取得的成绩往往要高于那些性格缺乏稳定和全面的职场人。

下面就是职场人所需要具备的性格特征：

首先，要具备快乐的性格。一个快乐的人，在其工作生涯中会获得较好的优势，他们会得到更多的机会来寻求资源。举例来说，日本最著名的保险推销之神原一平，曾经对着镜子练习出了十几种笑容，并因此学会了如何展现自己快乐的性格，以此提高工作效率。可见，一个有着快乐性格的人，不仅工作中的人际关系更好，同时，自己也能够从快乐性格的体验中吸收和发挥更多的工作能量。

其次，要具备专注的性格。专注，即将注意力集中在自己当下工作的事物中，明确当下的工作状态，精神和行为完全和自己应该做的事情融为一体。例如，画家毕加索曾经在专注状态下工作了很久而没有脱下鞋子睡觉，最终鞋子居然烂掉了。类似的案例体现在职场上可以说明，当职场人专注于当下的事情本身时，就会发现时间可能陷入“停止”状态，而自己已经能够集中精力在工作上。可想而知，获得这样的能力，会给职场人带来更多惊喜。

最后，要具备亲和的性格。和蔼可亲的人不会表现出攻击性，而是用宽容、随和、礼貌的态度展现自己的性格，因此他们总是受到欢迎。在职场中，这样的性格模式能够帮助职场人在工作环境中积攒应有的人脉，提升自我的人气。同样，和蔼可亲的人往往能够及时调整组织内部的紧张氛围，能够很快地让矛盾因为他的出现而消弭改变，将负面影响压缩到最小，甚至成为正面影响。可以说，想要在职场上成功，不可或缺的就是亲和力。一个始终冷若冰霜的人，即使暂时取得了成功，也很难获得长远的肯定、推崇。

另外，职场中还应积极培养自己的勇敢性格。面对残酷的竞争、繁重的工作，不愿迎头而上而只是想方设法退却的人，很难说他们具备了应有的勇敢性格。其实，勇敢性格往往是职场人战胜困难的精神支持，因为勇敢的存在，才能克服不同的职场问题，最后取得成功，并让自己变得更加优秀。

有这样一个关于勇敢性格的职场案例：

爱迪生刚刚发明留声机后，根本就没有渠道将其卖出去。因为当时几乎所有的企业或者组织单位都有秘书来对话语加以忠实记录，没人觉得自己需要用留声机。因此，爱迪生很希望能找到一位能干的员工来推销这种留声机。

当时，给爱迪生实验室做设备清洁修理工人的巴恩斯听说了这件事情，他果断地站出来告诉所有人："我能够将它卖出去!"虽然没多少人相信，但爱迪生决定给他试一试。于是，巴恩斯就得到了这份推销工作。

拿着很低的薪水，巴恩斯冒着失败风险，花了一个多月的时间，将7台机器卖到了纽约城不同的客户手中。此后，爱迪生接受他成为留声机销售的合伙人——也是唯一的合伙人。就这样，巴恩斯依靠自己的勇敢成为了爱迪生的合伙人。

可见，职场中只有优秀的人才，才有资格留在优秀的团队中，而想要成为这样的人才，必须要塑造良好的性格，并在这样的性格影响下获得长足的进步。

心理健康的七项标准

职场中，受到他人欢迎的原因不仅仅包括你的能力，同时也包括你的心理健康程度。应该注意到的是，那些心理健康的团队成员，总是能够更好地适应整体工作，而那些因为种种原因而失去稳定、平衡心理的成员，则经常会因此而影响自身的职业发展。

职场中，评价心理健康的标准共有如下七项。

标准一：有应对工作的智力

可以说，能够进入职场工作的人大都接受过必要的教育，同时在各自的工作经历中积累了丰富的工作经验。因此，拥有足够应对工作的智力并不是什么苛刻的条件。不过，职场人还是应该适当地参加一些智力训练、智力测试，从而发现自己智商体系中有所欠缺的部分，并予以弥补和提升。

标准二：对情绪的协调和控制能力

具体来说，这是指职场人对自身情商的把握能力。在实际工作中可以发现，许多人之所以在长期职场工作中会产生不良心理状态，有很大一部分原因来自对情绪协调控制能力的欠缺。

例如，心理产生抑郁现象，是典型的心理健康问题，而其中的重要原因来自情绪上的压抑。因此，你可以通过想象、放松、转换注意力等方法，将日常工作过程中偶尔产生的抑郁情绪加以打断，或者每天专门找出时间，用于“抑郁”（限制在 20～30 分钟内）等。这样，你就能够采取有效办法平复抑郁情绪，进而管理和协调好情绪，做到心理层面的健康。

标准三：具有较强的意志和品质

在职场上，心理健康的那些人能够对自身的行动目标有着清晰的认识，同时，能够有意识地做到去主动支配和控制自身的行动，不断调节自身的工作行为去适应工作环境。正因为如此，他们能够做到行事果断而不对困难有太多畏惧，并具备挑战困难的勇气和面对挫折重新奋起的毅力。

反之，那些缺乏充分意志品质的员工，总是表现出做事畏首畏尾的特点，由于经常优柔寡断，而导致失去成功机遇。

标准四：人际关系的和谐

心理健康的职场人能够做到与团队和企业内的所有人和睦相处，他们能够和那些同自己观察角度、思维方式不同的人相处，能够容纳那些有着明显缺点的人，并同他们保持和谐的人际关系。这样，不仅利于他们建立起充分和谐的人际关系，也利于他们为自身的心理健康打造更好的环境。

因此，职场人应该减少并逐渐做到杜绝嫉妒、怀疑、逃避、敌视等不良的人际交往态度，避免因此而难以和同事沟通，并无法融入团队环境中。

标准五：能够主动地适应并改善现实环境

在职场中，每个职场人都有义务去和身处的客观工作环境保持良好的互动，这就需要你既要对职业的客观环境加以正确观察，从而取得正确认识，又要能够找到有效办法，去应对身处环境中的不同困难，拒绝退缩。

当然，仅仅有这样的能力还是不足以迅速适应职场环境并对之进行改善，职场人想要做到心理健康，还必须要根据工作环境的实际特点、自我工作意识的实际情况，进行充分的努力，并围绕这些努力加以协调运作。在这样的过程中，你首先应该对自身加以改变，克服那些容易引起和环境冲突矛盾的问题，这样才能做到主动适应环境，之后才能通过继续深入的互动，去改善你周围的现实环境。

标准六：保持人格的健康和完整

人格是个体较为稳定的心理特征综合。一个人的人格是否健康完善，是指其人格是否健全统一。因此，职场中的你应该将人格作为人的整体精神面貌加以完成，和谐和统一地表现。这需要职场人产生正确积极的自我意识，而不能有所分裂，应该将积极进取的工作观、人生观和世界观作为自我的人格核心，同时以此作为链条，将自身的职场需要、职场目标和职场行动加以串联。另外，职场人还应该采用适当合理的思考方式，运用灵活的工作态度去待人接物，保证对外界产生的刺激不会有过于极端的情绪和行为反应，从而做到人格健康，和社会、企业、团队的步调充分融合。

标准七：心理行为符合年龄特征

每个人处于生命发展中不同的年龄段时，都会具备相应的不同的心理行为，并形成不同年龄阶段所代表的行为模式。因此，职场人应该注意自己在工作中表现出来的心理和行为，应该是和整个年龄段中其他人相互符合，具有共同一致的心理行为特征。

例如，刚刚进入职场的你，应该表现出符合年龄的工作态度和行动，而不应该过于老练、独立；而在职场中浸润一段时间后，也同样不应该事事保持那种“职场新鲜人”的特点，否则，很容易造成他人对你形成错误印象，乃至不被团队所认可。

优秀员工的四大美德

在洛克菲勒经营的美国标准石油公司中，曾经有这样一位叫阿基伯特的小员工。他每次出差住宿在旅馆时，所有的账单下的签名处，他都会写上“每桶4美元的标准石油”。后来，人们发现，在来往的书信、开出的收据上，阿基伯特也同样如此——只要签名，就一定会写上那些字。

就这样，阿基伯特逐渐成为公司里的“知名人物”，一些同事给他取了外号，叫作“每桶4美元”，真名字却逐渐没人称呼了。终于，公司的创建人洛克菲勒听说了这件事，他惊讶于一位普通的员工居然这样主动去维护公司的声誉，于是决定邀请他一起参加晚宴。在席间，洛克菲勒故意问道：“听说他们喊你叫每桶4美元，你怎么想？”阿基伯特回答说：“我不仅不生气，还为此感到高兴。因为我的外号就是用了我们企业的宣传语。他们叫得越多，公司从中收获的宣传效果越强，我为什么会感到生气?”洛克菲勒肯定地说：“你是很忠诚的员工，时时刻刻都能够想到为企业做宣传，你的品质表现出你正是任何一家企业所需要的员工!”后来，阿基伯特不断被重用，在洛克菲勒退休后成为公司的继任董事长。

阿基伯特的故事表明，即使在一件小事上，也能体现出员工的个人品质。而当你拥有了良好的品质后，也会因此而成为企业中的优秀人才。

概括来说，企业中的优秀员工应该拥有以下四种美德：

首先是敬业。敬业要求员工能够拥有勤奋、努力、纪律、责任感、专注等众多的能力，同时在敬业的态度下，逐渐将自己变成一位值得他人信赖的人，能够担当重任。在现代的职场中，一个员工能否获得成功，完全取决于其具体的敬业程度的高低。敬业员工不仅仅会对他的上司有所交代，同时，还会将敬业融入其自身的职业道德中，将敬业变成习惯。

其次是忠诚。忠诚于企业，需要员工能确保自己不会做那些有损于企业的事情，不会背叛企业的利益。实际上，“对企业忠诚”是每一家企业对员工提出的希望，而越是那些长盛不衰的企业，越是拥有大批的忠诚员工。当然，忠诚不仅需要对自身的工作兢兢业业，还要做到不为外界的诱惑所动，能够经受得起外界的考验。这样，员工才能让自己的能力和经验被企业管理者所赏识、所放心，同时获得足够的平台去展示自我。

再次是服从。没有员工的服从，就没有企业的成功。因此，职场人必须要具备应有的美德，去服从团队的安排。其中，服从上级，是服从团队的第一步，这样才能保证整个团队的大局协调，并确保组织中工作流程的正常持续运作。同时，还需要员工能够暂时忘记自身的想法和利益，有效约束自身，适应整个组织的价值和理念。

最后是付出。毋庸讳言，在职场上并不是每一份付出都有回报，但更明显的是，如果没有应有的付出，在未来获得回报的可能性会更低；因此，职场人必须学会具备并表现出这样的美德：先把事情做好，然后再讨论回报；先要懂得付出，然后才能谈到索取。

总之，只有具备了上述四种品质后，一个人的能力才能在团队中得到彰显，其地位和作用也才能因此得到肯定。

时间管理——用好时间做对事

职场人如果想要自身成功同时获得团队的成功，必须要具有充分的时间管理能力。

什么是时间管理能力？时间管理能力就是更多地开发自身对时间管控的潜质、更加自由地去规划好自身的工作和人生。拥有这样的能力将意味着职场人不会在日常工作中让其他人或者其他事情牵制自身的注意力，即使当他们面对众多压力、各种工作时，他们也能够通过充分优秀的管理能力将时间安排好，对工作应付自如。当他们每天都能通过时间管理的能力为自己赢得更多一点的工作资源时，这样的职场人显然站在更高的工作平台上。

不妨看看美国企业管理历史上著名的“科学管理”发明者泰勒的研究。

泰勒曾经在贝德汉姆钢铁公司工作了3年，在这段时间内，选择了一位叫作施密特的工人进行实验——对施密特用马表进行“管理”，结果，施密特的成绩达到了原有的4倍。而泰勒在这家企业的这3年中，施密特的工作效率持续上升，从未降低。然而，令人没有想到的是，施密特之所以工作成绩达到了原有的4倍，是因为他每工作一段时间就会有休息的时间：每小时他工作大约26分钟，然后休息34分钟。因此，虽然他的休息时间比起他的工作时间看起来更多，但实际上他的工作成绩确实体现出了科学管理工作时间的必要性。

案例中反映出的时间管理哲学，值得我们加以思考。当职场人在感到疲劳之前或者同时就开始必要休息，并非在浪费时间，而是在有效地管理时间。通过这样的方法，你就能做到利用时间来养精蓄锐并让工作效率持续上升。

另外，对于绝大多数职场人来说，在日常工作中，许多工作的到来并非只是简单地表现出线性的时间顺序，而是在同一时间大量存在的相互各自独立的平行状态。这就更需要对时间加以准确的利用。例如，当职场人计划办理一件需要较长时间才能完成的复杂任务时，你可以穿插利用其中间隙的时间，去完成其他一些需要较短时间的事务。如果事先没有做好充分计划，不具备管理时间的能力，那么，大量的工作时间就有可能被浪费。

因此，职场人应该努力学会时间管理的方法，从而打造良好的时间管理效果。这其中，运用四象限法是很实际的选择。

在平常的工作习惯中，职场人大都根据事情本身的紧迫感来安排工作的顺序。但如果用时间管理的眼光来看，可以根据重要性、紧急性两种方法来对事情进行分类：重要且紧急的事情、重要但不紧急的事情、紧急但并不重要的事情和不紧急也不重要的事情。

对这样的四种事情，可以用相应的坐标图加以表现：

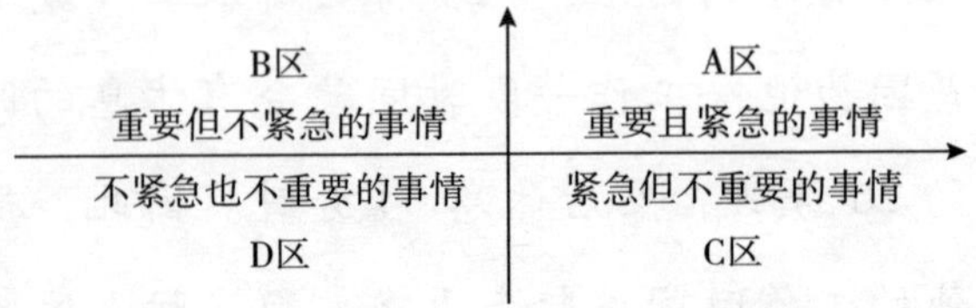

根据这样的坐标图，你应该选择的处理顺序是：先完成A，因为其紧急性是无可避免的，同时其重要性也需要你加以正视；其次是B，因为虽然并不紧急，但其重要性比起紧急性更为重要；再次是C，因为C足够紧急，尽快处理可以减少工作时间的耽误和注意力的浪费（当然，也要在某种程度上学会拒绝）；最后是D，这样的事情应该尽量少地花费时间，可以干脆授权或者转移给他人做。

除此之外，职场人还要注意把握“今日事今日毕”的原则，并减少对时间的浪费，加强对时间的珍惜和规划，从而让时间管理变得更加高效。

现代企业中，只有个人选择正确的工作努力方向，才能将手头的有限工作时间转化为最大的工作价值。实际上，工作时间并不仅仅是普通的时间，而是富于价值的工作资源，只有当职场人懂得如何管理好时间之后，才能在不同的时间抓住机会，从而实现不同方面的价值。

适应企业文化，提高生产效率

企业文化，在今天似乎是一个越来越常见的名词。企业文化从其定义上来看，体现出其整体性概念的特点。在这样的名词中，体现出企业员工所共同拥有的工作信念、期望和价值理念，并予以充分的共同表达。在企业文化中，能够表达出企业内部的生产关系、工作特点和工作过程，能够支撑起整个企业的形象。这也就意味着，一个人是否适应了其所在企业的文化，体现出其是否能够参与企业形象塑造的结果。

从企业的老板来看，之所以要创建企业文化，是为了建立更加能够主动推动企业发展的生产关系，从而增强员工的企业责任感、强化他们的群体意识，并达到对生产效率有所提高、对员工素质有所促进的效果，以提高企业的经济效益。而从企业的员工来看，是否能够融入企业文化，则代表了他们个人职业素养的高低和工作能力的强弱。

员工应该从哪些方面努力让自己迅速融入企业文化？从下面的案例中可以得到启发：

我曾经有位学员小胡，他在课程中和大家分享了自己初入职场的一段经历。当时，刚刚毕业不久的小胡喜欢身穿休闲装工作，这样才能显得很有工作活力。然而，他选择进入的工作单位的同事却大都身着深色的职业套装工作，而企业的整个环境在小胡看来也都是“死气沉沉”“缺乏生机”的——小胡发现，上班时，几乎所有人都忙于自身的工作，甚至没有人主动交流工作；中午吃饭的时候，没人谈论工作，面对面说话的都很少，大部分人都在像陌生人那样各自吃饭。在这样的工作环境下，小胡觉得自己无法融入企业，甚至在这里工作下去都无法忍受。几个月后，小胡做出决定，选择了离开企业。但直到他离开后才明白，这家企业素来以传统、严谨著称，员工们并非不交流，而是不会选择在工作思路没有定型的情况下轻易交流工作，而至于工作以外的事情，他们当然会选择在企业以外交流……

显然，小胡的个人素质、价值观和理念，同这家企业所崇尚的企业文化格格不入，小胡也就因此难以融入到整个企业的工作团队中，甚至可能被看作一个奇怪的人。这样，他的工作热情和工作积极性被迅速消磨殆尽也就不奇怪了。

事实上，任何一个企业的文化，都如同一个人的性格。其中既有与生俱来的部分，也有后天形成的部分。而无数的实践证明，如果想要用职场个人力量去改变企业文化，是很难实现的。因此，职场人要做的就是适应企业的文化并提高生产效率。

想要尽快适应企业的文化，就必须要真正明确该企业有着怎样的文化。职场人不妨首先通过《企业员工手册》来了解一家企业的文化，这是对企业文化尽快了解的最好方式。当然，从另一方面来看，企业文化本身又是相当复杂的，很多时候，任何一个企业所明确提倡的原则又并非企业的真正文化。这是因为企业的真正文化本身有着充分的内涵，很多时候只能选择慢慢观察和了解。

其次，职场人还应该在一个企业内部加以亲身体验，耳濡目染地接触本企业的文化。不妨看看身边的老同事是如何工作的，他们拥有怎样的工作品质，具备怎样的工作共性。当然，还应该积极通过和同事之间的有效交流，进一步了解公司的情况，公司主管们的思考方式、工作原则和做事风格。当然，在注意观察的同时，还有可能会得到一些负面信息，面对这些负面信息，你应该积极思考、慎下判断，不要被表面现象所欺骗，更不要让他人对企业文化的理解主导自己。

总之，当职场人进入企业之后，要做的首先是对目前企业的文化表现出足够的尊重和理解，并尽快融入到这样的文化中去。

团队创新力与执行力——成功的决定要素

创新力如何开拓

创新，是一个民族进步的灵魂，也是一个国家不断兴旺发达的动力。同样，创新，也是实现一个组织改革发展所需要的动力。因此，没有创新力，就意味着没有创造业绩的能力，而能够创造性地开展工作，是对每一名优秀员工的重要要求。

因此，如果想将创造工作做到最好，仅仅依靠“老实听话”或者是按照“传统模式”工作，一成不变地工作，是远远不够的。这种照搬硬套的工作过程，将会让员工的工作业绩显得过于普通。反之，只有将创新力放进工作中，才能展现出创新意识，并推进企业业绩的进步。

不妨来看一下皇明太阳能集团的创始人黄鸣在进入职场、担任团队普通员工时的经历，以及他为职场人带来的启示。

黄鸣大学毕业后，进入了一家石油钻井技术研究所，负责技术装备室的工作。工作两年后，国家有关部门启动了一项大型的设备改造项目，其主要内容是为了实现提升勘探技术水平，而将企业所有的钻机加以改造。这个项目交给了企业内的装备研究所，并为此召开了讨论评审会，来评论钻机改进方案。虽然装备研究所比起技术研究所的级别和规模更高，但黄鸣作为参与者和学习者，也加入了评审会。

当时，几位年龄较大的企业高级工程师在评审会上介绍了相关方案。黄鸣在会议上听得相当仔细，但是他很快发现了方案的问题：首先，方案中有一些理论和计算，跟他接触和学习过的相关文献并不一致；其次，整个实施方案相当缺乏实际操作性，和企业现场工作的情况有所不同。

凭借对知识理论过硬的了解，黄鸣发现了这些方案的不足。于是，他将自己认定不妥的地方加以记录，并列出了十几条。当工程师们讨论完之后，让大家例行公事地提意见时，黄鸣鼓起勇气说出了自己的意见。

当天晚上，黄鸣的领导将他叫到了办公室，并告诉他，听完他的意见，专家们相当重视，并进行了继续的讨论，大多数人都认为，黄鸣的意见非常重要，数据翔实、证据充分，说明了现在的工作方案并不成熟，确实存在漏洞，并需要加以进一步调整。为了进行调整，上层决定将这次设备改造项目的任务拿出一部分，分给黄鸣所在的科室，并由黄鸣负责组织，形成一支新的工作力量。

就这样，才工作两年的黄鸣，赢得了这次许多人嫉妒但却不曾想过的工作机会。后来，他果然不负企业的重托，带领自己的小组顺利地完成了工作任务，并获得了当时国家的石油部科技进步奖二等奖。后来，他开始不断地接受科研课题任务，并成为所里的主要科研力量，为他以后的创业打下了良好的发展基础。

上述案例表明，当创新力充分表现出一个人的能力时，就能主动将创新力落实到自己的工作中，并主动为团队的企业做出贡献。

其实，日常工作中，属于普通员工的创新机会也很多。只要你能够抓住机会，发挥自己的创新能力，就能改善自己的工作，提升自己的业绩，让工作状态更加到位。

职场人开拓创新能力，应该注意下面几点：

首先，积累知识并提升工作能力。创新能力，需要一个人有充分的胆识，同时也需要必备的知识和能力积累，没有知识积累，缺乏必要能力，创新能力就无从谈起。职场人只有将知识和经验积累充分，才能获得更好的创新能力。这是因为一个人只有具备充分的知识和经验，他才能获得优秀的才干和出众的胆识，才能接受新的思想、获取新的知识、抓住新的机遇并创造出新的工作成果。

其次，应该突破职场中形成的思维定式束缚。只有改变过去的思维带来的影响，才能确保自己的思想不被压制，并获得创新能力的提升。想要得到这样的成果，职场人应该利用充分的想象、适当的好奇、充分的联想和应有的质疑来形成发散思维。

最后，还应该通过对实践能力的锻炼，培养自己的实践意识，获得在实践中形成创新思维的机会。为此，你可以充分参与职场的活动，或者参与职业实践，得到创新能力的有效提升。

创新是自我持续发展的不竭动力

21 世纪，科学技术不断发展进步，人类的知识积累获得迅速的增加，人们获得知识的途径与方式，人们的工作方式和生活方式，都在经历着前所未有的变化。因此，从宏观角度来看，创新是整个企业思想智慧上的升华，而人类社会本身的发展历史也就是不断创新、不断推进新事物的历史。同样，创新也是个人持续发展的不竭动力。

从个人的生存发展来看，在职场中，每个人的工作岗位变换越来越频繁，每个人面临的职业变动情况越来越复杂，终身从事同一个职业岗位的情况，也基本上不会发生。因此，处于复杂变化的职场环境中，每个人都应该学会积极创新，从而不断地超越自我，取得应有的生存和发展基础。

创新力之所以能够解决个人发展的问题，在于其发挥作用的过程并不是模仿和复制，而是面向未来、研究趋势和创造更多可能。因此，创新是一种条件相对复杂的创造性过程，而其表现出的特点就是对常规的打破，走新的道路，体现出新的规律。

具体来说，创新能力之所以是个人发展的推动力，缘于以下几点：

首先是创新能力的高价值。创新是人在实践活动中表现出的改变动力，也是对自我能力的解放。这样，创新具有比起固守有更高价值的特点。

其次是风险性。创新虽然具备一定的风险，但这种风险来自竞争，而高新技术方面的创新，更会因为其风险性带来相应的高回报特点。

最后是创新还带有相应的快速性。信息技术的推广，相当程度上提高了整个时代的发展速度。创新行为已经不再仅仅属于某一个人或者某一个团队。创新带来的利益已经用越来越直接的方式呈现在人们面前，而谁能在这个时代的竞争中得到创新，也就能更快地把握发展节奏，在激烈的竞争中获得领先。

为了获得创新力带来的好处，职场人应该做好以下几方面：

首先，要勤于学习。这是因为创新力的发展是以扎实的知识能力体系为支撑的，而勤奋的学习是建构这种体系的必经之路，同时，勤奋学习，对于职场人自身的综合素质、综合能力的提高，也起着重要作用。因此，对于想要获得创新能力的职场人来说，勤奋学习可以同时起到两方面作用：加强自己的全面发展，同时加强创新能力的发展。

其次，职场人还应该利用对创新能力的提升，进行充分的观察和实践。不同的人看到、听到和感受到的东西并不相同，而为了获得创新能力，职场人进行的积极观察和时间，最终都会体现为自身不断进步的素质与能力。

最后，职场人对创新能力的提升，必然需要积极和巧妙的思考。思考是创新能力发展的前提，显然，不会思考的人，很难获得真正的创新能力。同样，积极思考的能力，也可以让职场人在群体中显得更加突出、更加出色。这是因为人的思考能力和工作能力正如同机器一样，需要不断地运转才能灵活发展、才能不后退。

个人发展有着各种主客观因素，但显然，个人发展和创新无法分开，只有当创新能力和个人发展联系之后，创新能力的价值才能得到更为明显和充分的表现。

个人执行力不强的表现

小到一个职场人，大到一个企业，想要完成自我的目标，就必须具备完成目标的强劲果断的执行力。拥有这样的执行力，意味着接受了工作任务，就必须完成。反之，没有这样的执行力，也会表现在具体的工作行为和结果上。而这样的表现，最主要地体现在对“借口”的依赖上。

下面是几种不同的“借口”表现：

首先，喜欢寻找借口拖延。例如，“这周我工作很忙，我尽快去做。”这种找借口的直接后果，就是容易造成拖延的坏习惯。如果对职场加以细心观察，就很容易发现这样的员工存在于不同的公司团队中：他们每天都似乎相当忙碌，在为自己的工作岗位尽责，然而，他们总是将原本能在一小时内完成的工作不断拖延下去，而使用的借口则是能够不断拖延的任何理由。

其次，寻找借口来因循守旧。例如，“我们以前从来没有这样做过。”这样的理由让职场人缺少足够的自主工作的动力，也让他们缺乏工作中足够的创造性成绩，利用这样的借口，他们会更加直接依赖于经验、规则和思维惯性。

最后，还有一些职场员工喜欢用不同借口来为自己的工作能力、工作经验不足加以解释。例如，“我从来没有接受过这样的培训来做这次工作。”但是，这样的借口也很难站得住脚，因为这种借口只能让职场人选择一时的逃避，而失去应有的正确的执行态度。

总之，当职场人缺乏执行力时，他们就很难客观地看待自身，并体现在对借口的寻找上。在不断蹦出的借口中，职场人缺乏真正积极的思考和行动，也没有积极想办法去加以克服，这样，消极的心态就会伴随借口的出现而不断剥夺个人成功的机会，最终导致职场人的一事无成。

反之，真正优秀成熟的员工之所以具有良好的执行力，很大原因在于他们并不去寻找理由为自己的执行力不足而找借口。

美国名将巴顿曾经在其回忆录中写过这样一个案例：

> 某次，巴顿决定提拔下属，他的方法是将所有候选人集中在一起，然后给他们找一个问题加以解决。这个问题往往看起来很奇怪：巴顿要求这些人在军事基地的仓库中去挖一条战壕，战壕的长度是 8 英尺，宽度是 3 英尺，深度是 6 英寸。之后，巴顿故意离开，躲在仓库中的隐蔽处，观察这些下属的行为。一般来说，这些下属会准备挖掘战壕，但事先都会为此而展开讨论，比如有的人会质疑这样浅的战壕有什么作用，有的人会猜测在仓库中挖掘战壕的原因，而有的人则会直接怀疑让他们挖战壕的意义。但总会有个人对整个团队建议：“不要管那个老家伙要干什么，我们还是将战壕挖起来吧。”这样的人，就是巴顿最后确定的人选——因为他具有显而易见的执行力。

因此，职场人想要获得执行力，必须要在工作开始的时候就拒绝寻找借口，杜绝这种导致执行力下降的错误表现。他们应该尽力将不同的工作都努力达成应有目标，最大限度地满足上级和企业的要求，而并非寻找借口。这样，执行力的提高才能水到渠成。

执行力是职业化的过程

在职场中，想要获得超越他人的执行能力，让自己获得更强的竞争力，成为最有价值的员工，你必须要做到用职业化的导向来提高自己的执行力，用既精又专的工作技能来推动自己执行力的提高。

今天的企业，其中每个岗位都对员工在工作能力、工作技术上有充分的要求，这样的要求也就是职业化的要求。只有达到了这样的职业化要求，才能将任务执行到位。因此，一个优秀的员工只有具备了良好的专业技能素质，才能获得专业的执行能力。

因此，一位优秀的员工，除了具有普通员工应有的基本素质、基本职业道德外，其工作中最大的特点就在于拥有足够过硬的专业能力，能够在工作中表现出足够的职业素养。只有这样的人才，才能够体现出执行的价值。

1923 年，美国福特汽车公司有一台机器出现了问题，公司里所有的工程师都发现不了问题原因，便请来了一位德国的电动工程师斯坦因门茨。这位专家流落到美国，当时只是在一家小工厂工作。

斯坦因门茨来到厂房后，在电动机旁听了听声音，然后要求搬来一架梯子，然后爬上爬下看了一会儿，最后在电动机的某个部位上用粉笔标上了一条线，说："就在这个线圈上，减去16 圈电线。"按照他的这个方法做完，这台电动机真的完全正常了。事后，斯坦因门茨对这次咨询开价是一万美元，有人觉得这个价格太高，说："不就只是一条线吗?"

斯坦因门茨说："画线只值1美元，但是知道在哪里画线值9999美元。"

事情被传到福特公司的老板亨利·福特耳朵里，他决定将斯坦因门茨这样高执行力的员工挖到自己的企业来，但斯坦因门茨说自己不愿意离开现在的企业。最终，福特将他所在的整个小企业都买了下来，并得到了这个拥有职业化执行力的员工。

从上述案例中可以看出，无论在何种岗位上，我们都应该充分做到职业化，让自己成为职业领域的专家，形成自己的执行优势。

为此，在企业的不同活动中，作为员工，仅仅知道盲目执行是不行的，必须要学会利用自身的知识技能来处理大量的工作，并在专业化上严格要求自己，拥有一技之长，这样，执行能力将得到充分的体现，才能获得更重要的表现机会，执行过程也才会因此更加精彩有力。

具体来说，职场人要在自己本职的范围内做好工作，责无旁贷，并从工作结果中出发，关注任务的执行，积极主动地思考怎样解决问题并提升自己的执行力度。同时，还应该随时准备去做好分外的工作，通过适当承担分外工作，接触到不同的业务，学到更多的专业知识，积累更多的能力，从而有机会获得更多的职业化发展方向。

第六章

适者生存，改变命运

——以适应和目标为动力，迈向卓越新境界

人生就是一种选择，适者才能生存

服务态度——天使恶魔，一念之间

从广义上来看，几乎所有的行业都可以看作服务业，而所有的职场人都可以看作服务者。一个新的职业观念就应该如此建立，并通过这样的职业态度，而在职场立于不败。

之所以如此，是因为当今社会分工越来越细化，整个社会中的不同成员也越来越注重自己是否能从其他行业中得到应有的服务。同时，在一个企业内部，工作分配也同样细致，不同部门、不同层级之间都存在着服务的关系和性质。因此，职场中人，必须要注重打造自己良好的服务态度。

然而，对于越来越年轻化的职场人来说，为他人服务的态度和习惯并非与生俱来，在 80 后乃至 90 后职场群体中可以见到的普遍现象是：他们每个人在工作之前都是家中的核心，都受到诸多家人的关注和服务，却唯独少有为他人服务的机会，也难以培养相关的意识。

只有做好服务，才能让你成为职场中的天使，而并非团队中的恶魔。

在国外，许多国家的职场都有做好服务的意识和传统。无论是基层工作人员还是企业的领导，都会时时刻刻保持着高度的服务热情，为企业内部的同事或企业外部的合作者、客户提供自己的服务。

有位学员曾经和我介绍过这样一个简单的事情，在他出国参加会议下榻的酒店中，有一位年轻的门童，他每天都能用最灿烂最真诚的笑容面对酒店的客人，做到热情问好、鞠躬、开门和帮助提行李、叫出租车等。同行的人告诉这位学员，说这个门童真的很奇怪，不知道他做这样的工作、扮演这样的角色有什么好高兴的，居然每天都能如此开心。然而，职场经验丰富的这位学员说，他比我们企业中很多领导、很多员工都有职业素养，都更有智慧。这是因为他懂得将服务态度和自己的工作内容结合起来。虽然仅仅是一位门童，但他每天都在服务他人的过程中度过，用笑容和热情温暖他人，同时获得周围人的回报，这样，快乐和价值在他和周围人之间有着共同的流动。可见，良好的服务态度不仅能够为他人带来收益，也能为自己带来快乐，提升自己人生和工作的价值。

而更为直接的是，良好的服务态度和理念，还能给职场人带来物质上的充分收益。良好的服务态度，可以促进人际关系的和谐，并能够有效提高客户、上级的满意度，这样，就能得到整个集体的注意和肯定，在职场中的加薪、晋升机会也就会随之而来。因此，职场人千万不能够忽视服务态度这种看起来微不足道的小事情。

为了保持好自身的良好服务态度，职场人应该注重服务态度表现的具体执行过程。在服务过程中，你需要充分理解服务对象，有着良好的同理心，能够做到积极换位的思考，从对方的利益出发去为对方提供应有的服务。这不仅要求你能够具备充分的感性因素，还应该在理性层面上去感受、学习真正的工作方法和技巧。这是因为，不同行业具备着不同的服务方式和特点，这是属于专业态度的一部分，需要通过员工自助学习和培训才能获得。

当然，是否有良好的服务态度，还要结合职场人工作的结果。这可以从两方面看出：一是内在方面，通过良好的服务态度，能够让职场人感受到自身应有的进步和提升。二是外在方面，则能够通过服务态度的表现，体现自身工作的价值和意义，提升工作技巧，并带来实际的职场收益。

总之，服务态度的变化，能够在职场人的工作动机、工作执行和工作结果上表现出正面的良性循环，同时鼓励着职场人拥有良好的工作素质和工作心态。

建立亲和力，做一个善于沟通的人

职场是无形的竞技场，只有最适合这里的人才有资格获得成功。想要更加适应职场竞争的规则，你必须具有自身特色的亲和力。

亲和力，是指在企业职场工作中，人和人相处时所表现出的那种亲切行为的水平与能力。下面的事例可以让我们明白什么是职场中的亲和力。

有位毫无背景的青年，是美国匹兹堡一家家具店的销售员，即使工作压力大，他也总是能用亲切的态度来面对顾客，像对待老朋友那样具有亲和力。一天，正是他值班的时候，有位衣着朴素的老太太为了避雨而站到店面屋檐下。于是，他主动走出门，请老太太到家具店里面坐下，然后为她倒了杯热茶，请她可以直接休息到雨停之后。

老太太很高兴，特意询问了青年人的名字，并表示了自己的感谢。雨停后，老太太离开了家具店。几天后，这家家具店收到了一份价值昂贵的大订单，几乎是该店有史以来的最大订单。大家看到，这是美国最大钢铁企业卡内基钢铁公司给出的订单，后来人们才明白，那天这位年轻人用亲和态度招待的老太太，正是卡内基的老母亲。

亲和力就是能够产生这样毫无征兆的成果，并带来潜移默化的影响。因此，亲切和微笑，体现了一个职场人应有的素养，足以衡量一个人是否适合职场。发自内心的亲切关心，能够在任何场合包括职场中都给自己和他人带来充分的幸福感，这种心灵上的收获可能比物质上的收获更让人感到更加温暖。

怎样做到在职场中保持自己的亲和力呢？

首先，应该做到一定程度的大智若愚。过分彰显自己的个性，会导致职场人失去其应有的亲和力。因此，在职场中，不妨将自己的个性、聪明和才能适当收敛，做到有所保留。正如古语“难得糊涂”那样，表现得锋芒毕露，对自身亲和力的建立没有太多好处。当然，在工作中，还是应该尽量充分地展示工作能力。

其次，学会大度、宽容，能够善待他人。职场中，利益同样也是互惠的。只有你主动去善待他人，他人才会反过来回报你，通过彼此交往之间的有效包容和谅解，从而做到充分地联系沟通。这就要求我们能够在职场的交往中，主动向他人展示自己的好感，并做到了解、亲和对方。而即使他人出现问题，损害了自己利益时，也应该做到大度和宽容，这样才能得到他人的尊重。

最后，还应该把握好“舍”与“得”的关系。舍与得，表面上是一组反义词，但表现出的却是深刻的职场道理。在职场交往中，想要更好地适应环境，就要学会合理必然的放弃，这并不是表面上缺乏原则的妥协，而是努力融入职场环境的重要手段。如果在那些普通的非原则问题上非要获得利益和肯定，那么只会让其他人对你产生错误印象乃至敌意，这样，由于亲和力的失去，你将会无法真正融入工作环境。

总之，亲和力是一个人行走职场的高效的名片。如果能够经常为他人着想，关心他人利益，保持亲和力，就能够积攒越来越多的职场支持度。这样，职场人自身心情愉快，信息畅通，取得工作上的成就也会更加轻松容易。

建立八个积极习惯，留住终身财富

每个人的优点都需要通过形成必要的习惯才会具备应有的价值，即使如同“爱”这样的优点，也必须要通过自身不断修炼来形成习惯，并持续转化为自身的行动。在工作中，很多实用、优秀的观念和原则，职场人都很容易接受，但是，从接受到实践，需要跨越充分的距离，而这样的距离只有通过运用“习惯”这样的桥梁，才能加以建立。

在职场中，想要让自己积极适应工作环境，也同样要利用好自身的工作习惯养成，适应职场，需要利用好工作习惯并发挥其优势。这是因为，职场人的工作习惯，能够如同缆绳那样始终将职场人像船只那样牢靠地停泊在企业的港湾上，而只有通过不断给这样的缆绳缠上一股新的绳索，才能让其影响力变得逐渐强大、牢不可破。

以下是八个具体的积极习惯，帮助自己形成这些习惯，就能尽快融入职场工作。

习惯一：自我激励，充满自信的习惯

职场人应该懂得在正确的时间，用正确的方法来对自我能力加以充分激励，从而保证自己拥有良好的工作状态。

习惯二：注意自身形象和注意对自身进行包装的习惯

职场中的自身形象既包括客观层次的形象，也包括语言、行动等方式体现出来的工作形象，这意味着职场人不仅应该加强自身外在如衣着打扮方面的形象改变，还要注意运用正确的表述方式、利用良好的职场交流方式来提升自己的形象分。

习惯三：了解和掌握公司的企业文化，关注企业发展的习惯

在不同的企业，职场人有必要对不同的文化细节加以积极发掘，并发现企业文化内部的具体联系，从中找到自身能够改变和融入的空间，并借此迅速融入身边的工作环境。

习惯四：预见并满足客户的合理需求，热情为客户服务的习惯

无论在怎样的岗位上，你都应该能够积极发现客户的不同要求，并按照工作流程，用自身的工作热情去为客户提供应有的服务。这样的习惯不仅考验职场人的工作能力，同时也考验他们的工作经验是否能迅速发现和体会。

习惯五：任何时候，任何行为都应有以客为先的习惯

曾经有这样的案例，某公司销售团队几乎签下订单，但是，这个团队的负责人由于粗心，而在对方公司电梯前没有礼让该公司的一位资深董事，导致对方认为他们是有意轻视，并最终否决了订单。实际上，这样的问题就在于该团队负责人没有注意养成以客为先的习惯。

习惯六：永远微笑服务的习惯

在工作过程中，这样的习惯经常容易被忽视。即使职场人面对较大压力，还是应该努力做到在为企业内外进行服务时表现真诚的笑容。这样不仅能够为他人带来好的感受和心情，同时也能够让自己的工作状态得到改变。值得注意的是，你不应该将职场上的微笑服务看作一种单纯的“工具”，因为凡是这样看待笑容的职场人，他们表现出的微笑都是缺乏真诚感染力的。

习惯七：在工作场合，不对公司做消极评论的习惯

必须承认，企业的整体管理并不可能总是令人满意，而企业内部不同部门之间的利益分配也会经常让人感到问题的存在。但是，职场人必须树立这样的底线——不应在具体的工作场合对企业进行批评。

习惯八：像迎接挑战一样应对投诉的习惯

一旦接受投诉，职场人必须做出下意识的反应以便行动起来。反之，如果从一开始就对投诉抱着无所谓的态度，甚至仅仅是表现出一丝一毫的不重视，那么，最终会很快形成错误的习惯。

研究人类心理和行为的科学家曾经发现，任何一种习惯的养成，最少需要 21 天的时间，然而，习惯一旦养成，往往会影响深远，而好的职场习惯更会让你终身受用。有鉴于此，职场人一定要严格遵循循序渐进的方法去养成习惯，按照由浅入深、由近及远、由渐变到突变的原则去对待习惯，最终像哲人所说的那样："让优秀成为习惯！"

做一个诚实守信的人

诚实守信，是商业界的行为准则，同时也是优秀的传统文化美德。拥有诚信，就能找到一个人行走职场的根本，获得在职场中成长的资源。诚实，就意味着一个人应该在职场上言行一致、表里相同；守信，则意味着一个人无论说话做事都要讲究信用，答应他人的事情，必须要做到，能够认真地履行其诺言，说到做到。

在职场中，诚实守信是将一个人和其他人连接起来的有效纽带，也是让员工能够迅速融入职业团队的重要工具。一个高素质的职场人，必然是一个诚实守信的人，他应该能明白诚实守信的价值在于能让自己和团队其他成员充分合作，让整个团队高效运转，也只有通过形成诚实守信的行为习惯，才能让企业和客户将更多的重任交给自己，才能有效地获取来自他人的尊敬和信任，并得到在职场上更加充实的奋斗历程。

无论是在东方文化还是西方文化中，诚实守信的品质始终都被人们所看重。在绝大多数情况下，一个职场人能否成功，也和其诚信表现直接相关。

销售员中的大师——乔·吉拉德，曾经创下过在其职业生涯中平均每天销售一辆车给个人客户的神话般的纪录。而分析其如何获取这样的成绩可以得知，这样的职场成果来自其诚实守信的习惯。

吉拉德在解释自己为什么养成诚实守信习惯时，提出了著名的法则：每个人在职场中和他人交往的方式、对待他人的方式，最终都会产生250倍于原先的效果。这样的事实并不难理解，因为一个人的言行举止，并不可能只是局限于其某个传递的对象那里，而是会通过最初的对象不断进行传递、复制，并最终影响到这个人背后所连接的250个以上的人那里。如果职场人能够做到为人诚实坦率、言行充分一致，那么，自然会有更多的人慢慢了解到你的优势，这样的事实显然会在你的成功之路上带来更多的帮助；反之，如果你为人缺乏信用，言行不一，这样的法则又很容易在你职场的道路上产生巨大障碍。这是因为当你没有形成诚实守信的习惯时，经常会无法确保自己在职场的言行足够真实，继而更会因为这种缺乏真实性而导致你在职场上举步维艰，不断失去客户、朋友或者支持者。

因此，诚信的习惯很重要，甚至比起你究竟在做怎样的工作更加重要。为此，职场人应该在诚实和守信两方面都付出充分努力。

首先，注意自己的言辞，既不应该用谎言来掩盖工作事实，也应该注意说话的科学性和艺术性，以避免他人产生误解并进而怀疑你的诚信。同时，还应该注意尽量少做出无法确保能够实现的承诺。

其次，注意自己的行动。例如，对于自己答应别人的事情，应该确保有足够的时间能完成；对于自己必须完成的事情，必须要切实记录下来以随时提醒自己；对于事情一定要充分清楚后再进行评论或者表述等。

用修养赢得尊敬

修养是什么？修养并不是指一个人读过多少书，或者有怎样的学历和文化，而是指一个人整体上有着怎样的个人品质、行为道德和言谈气质。修养来自对生命的持续领悟，是需要经过充分的锻炼和培养才能达到的水平。

一个人是否有足够的修养，并非用其实际的地位、财富等来加以衡量。在职场中有修养首先需要职场人成为一个明白真我的人，一个懂得自律的人，一个坚守自己位置的人，一个敢于挑战自身的人，一个积极自省的人。不仅如此，他还应该是一个具有高远的气度、严谨的节操、淡泊的情趣和高雅的气质的社会成员。

在今天这个充满竞争压力的社会中，职场中更加明显的是浮躁的物质欲望，而职场人更需要积极地坚守本心，修身养德，从而做一个有修养、有良好品性的人。只有这样，他们才能够用这样的修养，在职场中做一个堂堂正正的人。

那么，职场人怎样才能整理好自己的心灵，可以真正做到在冷静中随时自省，在压力中随时自律修身呢？

首先，职场人要学会做一个听从真我的人。每个人都有着来自自身生命中的活力，那就是“真我”。一个人有着真的性情，就应该将之看作自身具备的美好资源，做到取之不尽，用之不竭。有这样一段禅诗说过：“拨开世上尘氛，胸中自无火炎冰竞；消缺心中鄙夷，眼前时有月到风来。”当一个人发现了自己原本拥有的真性情，就能拥有诚实的内心。有这样的真我的人，当他对待家人时，可以做到亲爱孝敬、相濡以沫；当他对待朋友时，能够做到了无心机，心胸坦荡；当他对待他人时，能够做到宽厚温和，少做计较；当他对待工作时，能够做到保持本心，自得其乐。

其次，职场人要学会做一个自律的人。自律，来自一个人对自身所给出的真正的爱，而不仅仅是为了谋求自身所需要的那些浅层次的利益，自律源于内心自我的道德良知。因此，在职场中提倡做自律的人，就是为了能够采用真实的态度来面对自我、要求自我。这样，一个人的品行就能够充分地树立起来，并表现在其行动中，即使面对形形色色的职场诱惑，也依然能够做到坚守底线，而不会做出影响整个企业、整个团队的利益的事情。这是因为自律带来了自尊，而由自尊带来了自信。

最后，职场人要甘于做一个守静的人。当今职场，跳槽的风潮似乎在影响着每个人，许多人在自己的工作岗位上尚没有获得应有的收获，没有开发出自身的潜力，就因为难以守静而选择了离开。实际上，静，意味着平常心，意味着工作者保留的气度和境界。做到守静，就要坚守自己的志向、坚守自己的内心、坚守暂时的困境。因此，守静，意味着即使你身在闲处，无从发挥自己的能力，都依然要让自己的内心平静。只有当心不乱动的状态下，才能做到坚守节操和保护真我。静，并非完全的静止，而是要存在于和“动”相互依存的平衡状态中。这就更需要职场人能够通过自我的有效调节，获得平静安宁的内心状态。

此外，职场人要能够做一个敢于挑战自己的人。古代哲学家老子曾经说：“知人者智，自知者明，胜人者有力，自胜者强。”一个人，如果能做到充分了解别人，能够具有发现他人特点的慧眼，那就是聪明人。但是，如果一个人能够做到充分认识自己和了解自己，那才是真正有大智慧的人。这是因为，在职场上，能够战胜他人的，只是有力量的能人而已，他们并不能确保用这样的力量不断获得成功，只有能够坚决战胜自己的人，才可以称为真正的强者，这是因为他们能够得到更好的未来。

人生和职场上的困境并不可怕，可怕的是职场人自己在看似平淡的工作中失去应有的自信，失去应有的斗志。职场，实际上是一本教科书，很多时候，职场人身边的环境，并不如他们所希望的那样。这就更需要他们能够在困境中学会真正地欣赏自己和相信自己，做到肯定自己和鼓励自己，这样，职场人就会发现这样的事实：自己的职业生命正在焕发出崭新的生机。

当然，为了实现这样的目标，职场人还应该做一个善于自省的人，从而确保自己的修养越来越深厚。自省，就是自我反省。而积极地自省，就是通过有效的自我意识，从而在内心层面省察自己外在言行的过程。每当夜深人静时，职场人不妨独坐观心，对自我由内到外进行反省，这时候，常常可以得到对职场和生命的大领悟，认识到自身存在的大问题。可以说，积极有效的自我反省，能够打造出一面自我观察的镜子，是一剂诊治自我的良药，是把职场中的你引向做有尊严、有人格、有成就的职场人的光辉阶梯。

八个关键词改变一生命运

今天的人们，常常感慨命运的无情，憎恨命运的不公。也有人因此而不断尝试不同的改变命运的方法，但是，无论怎样做，都不应该忘记这样的事实：人的命运最终操控在自己的手中，只有通过自身的显著变化，才能换来身边机缘的变化，得到职场中能量场的实际变化。而迎来自己命运的变化，主要在于对八个关键词的掌握上。

想要了解这样的八个关键词，不妨先看看历史上一位名人的职场和人生经历。

这个人，自幼失学，当过伐木工人和邮差，经历过底层社会的苦难。21岁时，他将自己的积蓄投入做生意，结果失败。为此，他打算角逐政坛，却在第二年的州议员选举中一败涂地。24岁的时候，他做生意再次失败，第二年，自己最爱的妻子又去世了。一系列的打击让他到27岁时甚至一度精神崩溃。

七年后，他重新站了起来，宣布自己要角逐联邦议员，结果再次落选。此时，他已经34岁了。两年后，他又参加众议员选举，还是失败了。

当生命进入40岁之后，他依然在孜孜不倦地追求政治生涯上的成功。45岁时，他参加联邦参议员选举，依然失败。47岁时，被人提名为副总统，落选。49岁时，参加参议员选举，照旧失败。但这个人的字典里面没有“放弃”两个字，三年后，当他52岁时，终于迎来了成功，他当选为美国的第十六任总统。

这个人就是今天被全世界所熟知和尊敬的美国总统——亚伯拉罕·林肯。

林肯用自己的人生和职场经历，向我们展示与阐述了下面八个关键词对于改变职场命运的重要性。

关键词一：忍耐

不是胆怯也不是懦弱。通过忍耐，我们才能发现自己成长的方向，才能发现自己身上的缺点，才能寻找到自身所应该确立的位置。因此，暂时的忍耐，是职场中必不可少的。更不用说在职场中发生矛盾时，职场人只有通过有效的忍耐，才能得到内心的平静，并正确地对矛盾加以处理，获得良好的工作状态和团队气氛。

关键词二：放弃

人生中正因为背负了太多的包袱，难以向前，因此，职场中为人处世，应该懂得恰当的放弃。只有正确地放弃，我们才能将原本宝贵的工作时间和精力集中在应该加以集中的地方，而通过放弃，我们才能发现什么是自己最应该重视的。可以说，在职场中，没有放弃，就没有收获。

关键词三：释放

职场中压力的累积是无形的，不断累积的压力如果无法得到良好的释放，就会不断地形成职场人前进道路上的障碍而难以清除。懂得释放，职场人才能懂得提高工作效率。因此，职场人应该积极通过不同的方法去应对自身的工作压力，不断想方设法让自己从劳累、尴尬、重压的工作压力下释放出来，寻找到真正的乐趣和希望。

关键词四：豁达

活着是幸福的，工作也是幸福的，能够和他人一起工作也是一种幸福。只有通过对生命和职场本质的把握，才能为职场人自己谋求其中的幸福。想要得到这样的幸福，你必须明白豁达的意义。豁达，意味着对他人的宽容、对困难的无惧和对压力的正视。有了豁达的心胸，你就可以懂得怎样让自己从许多本不应该有的烦恼中走出来。

关键词五：执着

马云曾经说过，职场的今天是困难的，明天会更加困难，而后天才是美好的收获。但职场中有许多人都倒在了“今天”和“明天”，很少有人坚持到后天。这是因为他们缺少执着的心态，更加缺少执着的行动。有所执着，你才能确保自己的注意力能够集中在职场上，才能让自己在碰到职场困难时不畏艰险、不断设计办法和具体行动。

关键词六：驾驭

懂得控制好局面，是许多职场人孜孜以求的目标。然而，控制好外界局面之前，你更需要的是操控好自己。一个人只有先驾驭好自己，才能面对外界而自得安稳。这就需要职场人能够了解自身的缺点，懂得诱惑的表现形式，并具备很高的情商，能够在错综复杂的问题中找到解决问题的钥匙。

关键词七：感恩

学会感恩，你在职场中才会更加有收获，更加具有魅力。职场并不是你一个人的舞台，在这个舞台上，有人帮助过你，有人引领过你，即使有人曾经压制过你，带给你的也同样有收获。因此，不妨学会对职场中的所有人报以感恩的微笑，理智看待自己所获取的收获，这样将能让你从更加美好的视角来看待自己的经历和未来。

关键词八：释怀

所谓释怀，也就是将那些原本不用记住的事情彻底忘记。释怀，代表着大智慧的宽容，代表着对自己和他人的“放过”。无须否认，职场并非美好的花园，其中有人带给你不公，也有人带给你伤害。但记住这些打击，带给你的并不是更加良好的工作动力和状态，反而会是无穷尽的烦恼，是难以自控的情绪。因此，不妨学会将职场中的那些负面情绪付诸清风，让它们彻底消失，将轻装上阵的自己放在职场的竞技场中面对成长、面对未来。

个人在企业成长的五个阶段

迷茫——能力欠佳

刚刚进入一家新的企业，对于绝大多数职场人来说，最需要关注的是如何去主动度过试用期，并更好地适应企业的工作节奏，从中寻找自身的工作平台加以开拓。在这样的过程中，他们往往会遭遇到能力欠佳的瓶颈。

实际上，在当今的职场，由于“能力欠佳”的评价或现实，导致职场人出现迷茫期的事例屡见不鲜。所谓迷茫期，一般是指许多职场新人在进入新的企业之后所面对的困境：他们由于尚未表现出充分的工作能力，而被安排在一个并不受到充分重视或者无法充分展现个人能力的部门去从事各种简单的工作，在这样的工作岗位上，往往缺少必要的重视、指导和帮助，因此，职场人在经历这样的工作过程时，常常会产生迷茫的感觉，甚至发展成漫长的职场瓶颈期。

其实，这样的迷茫期，对于许多职场人尤其是年轻的职场人来说，是成长必须经历的过程。

如何才能做到尽快地走出“迷茫期”，并为日后的工作积累必要的经验和人生阅历呢？让我们从下面的案例中有所学习和体会。

我的学生小江毕业于新闻专业。由于他进入职场较晚，因此，没有太多的工作规划，加上其学习的专业领域相对比较特殊，因此，在他真正开始找工作时显得比较被动。于是，小江做出了一个相当果敢的决定——他打算利用半年到一年的职业时间去进入不同的企业中，体验不同的工作岗位，直到锻炼出自己能够被人承认的工作能力为止。

一开始，小江到了一家广告公司去实习，他的主要工作任务是去做市场业务。结果，小江很快发现，这份工作不仅和他的理想职业差距比较大，而且自己也没有应有的工作能力来应付这份工作，因此他很快就离开了这家公司。后来，小江又到另一家企业工作，在那里，他应聘成为了文案策划，工作压力相比也不小，但小江却发现，通过这份工作能够让自己学到应有的知识，并提高自己的能力，因此，他很喜欢这份工作。小江打算，等到自己具备了应有的能力后，再跳槽去新的企业，这样，他的迷茫期就会越来越短……

可以说，小江的方法虽然并不对每个职场人都具有可行性，但起码有一点：他认识到自己由于工作能力的欠缺而可能面临着迷茫期，因此，他主动寻找办法去快速而高效地走出自己的迷茫期。

其实，虽然每个人可以采取的方法不同，但迷茫期的度过，都一样是有章可循的。最有效的方法是调整好自己的心态，积极地将被动变成主动，将迷茫变成肯定。

首先，职场人需要在迷茫期中放低姿态。每个刚进入新企业的职场人，都会有所期待，获得一份既有挑战也有乐趣，同时薪酬相当丰厚的工作，并因此而产生工作的激情，总是想着要“大干一场”。然而，一旦发现自己的工作能力所带来的现实和自己的期待有所矛盾时，职场人又往往会因此而丢掉工作的信心和热情。实际上，你应该先学会放低姿态，正确认识和评价自己的能力。

其次，职场人在进入新企业后，应该学会积极地调整心态。不要总是立刻就将新企业当成自己大展宏图的舞台，而要学会低调做人、老实做事，将刚刚开始的新的职场生活当成自己体验工作、提高能力的学习过程。

最后，职场人应该积极主动地融入企业和行业。多留意企业内外的新闻和信息，并在具体的工作中去观察前辈们采用怎样的工作模式进行合作与交流；同时，职场人还应该做到积极地提高自己的执行效率，这是因为通常情况下，一些中小企业对新人的培训并不到位，而这样的情境下更需要新人自己督促自己去提高工作速度和质量。

无论如何，职场人应该意识到，刚进入企业时，实际面临的工作和自己的理想往往有着很大落差，这并不奇怪。只有让自己迅速适应，并提高自身的能力，不断对自己充电，才能迅速度过这样的瓶颈期，让今后的工作生涯一帆风顺。

忙碌——渐入佳境

职场人注定是忙碌的，对于一个现代的企业来说，想要找到能够干活的员工很容易，但想要找到愿意忙碌、正确忙碌的员工却并不那么容易。因此，当一个职场人懂得怎样将自己提升为懂得正确忙碌的企业员工时，那么他们很显然将会因此而推动自身的工作，让自己的成绩渐入佳境。

为此，职场人应该对自己喊出这样的口号：“去忙碌!”不仅要敢于忙碌，懂得忙碌技巧，也要善于忙碌，了解忙碌的目的。通过有效忙碌，职场人将会从众多的员工中脱颖而出，获得成功的机会。

在今天事业辉煌的联想集团中担任集团首脑的杨元庆，就是因为当年懂得如何忙碌，才成就了今天的事业成绩。当初，联想集团“教父”柳传志为有意识地培养杨元庆，为他每年调换一次新岗位，让他不断地在忙碌中度过自己的成长期，这样一直忙碌到他30岁那年，成为了联想微机事业部的负责人。

当时，联想遇到的前所未有的困难，杨元庆临危受命，从企业中挑选了18位业务精湛的员工组成销售队伍集体，用压低成本的销售战略，让联想电脑重新冲入中国市场前列，同时实现了之后连续数年的高增长。

上述案例说明，在企业中，想要渐入佳境，就要懂得如何忙碌。在学习生涯中，不忙碌，我们难以获取高分；在就业选择过程中，不忙碌，我们难以得到好的工作；同样，进入职场以后，不忙碌，也难以看到职场中的阳光。

具体地说，职场人应该如此认识所谓的“忙碌”。

首先，一个敢于忙碌的职场人才能得到成长的机会。正如同那句老话：机会总是留给有准备的人。同样，机会也舍不得那些敢想、敢干、敢于折腾的人。在激烈的职场厮杀中，我们有必要保持着那种刚刚进入职场工作时的创业激情，不畏惧于忙碌，也不胆怯于忙碌。

其次，经过忙碌才能真正获得成长。所有梦想在企业中获得成长的职场人都应该具备足够的抗打击能力。因此，他们必须认识到，合理的忙碌是工作中的锻炼，而所谓不合理的忙碌则是一种磨炼。如果想要获得成长，得到成功，就要敢于经受这些忙碌，将这些工作忙碌当成是对自己的锻炼，主动去经历忙碌，才能看到未来的良好工作局面。

最后，职场人还要善于忙碌，才能取得成功。任何一个人都不可能取代工作团队，必须要懂得如何与他人合作、怎样去培养能够积极履行职责的下属等。因此，想要取得工作中的佳境，你必须注重团队的工作力量，不仅要让自己忙碌起来，更要学会让他人也忙碌起来。

总之，忙碌是工作者的天性，职场人必须要通过忙碌，才能获得在企业内的提升，最终如同蝴蝶般破茧而出。

再次迷茫——职业倦怠

在经历了从忙碌到提升的工作状态之后，那些幸运的职场人有可能获得一马平川的前途。然而，对于大部分职场人来说，他们有可能走进再次迷茫的“陷阱”——职业的倦怠。

职业倦怠的表现多种多样，例如，害怕周一的到来；对工作无法提起应有的兴趣；不管如何努力提醒自己都会觉得无法真正用心工作，或者觉得无所适从。在这种状态下，职场人会感到自己犹如一台缺乏润滑的机器，每天都在进行着重复的程序，在外人看来似乎很充实，但自己却感到是不断地在重复自我……

实际上，职业倦怠是一种正常的现象，这是由工作而引发的一种心理疲劳感，大都是因为职业人因为多年工作的压力下产生的不良感受。出现职业倦怠感的人，经常会感到工作痛苦不堪。

值得注意的是，职业倦怠症已经越来越集中地成为威胁职场人工作发展的严重问题，曾经有权威机构做过这样的调查，在最容易犯的职场问题中排名第一的就是职业倦怠症，而职业倦怠症发作的时间不断变短，有的人甚至在从事某项工作数月之后就有可能产生这样的情绪；而工作 1 年以上的职场人，因为职业倦怠而导致想离开目前工作岗位的要占到 1/3 以上；工作 3 年以上的人，则有将近 2/3 是因为职业倦怠症。

更严重的是，职业倦怠不仅会影响职场人的自我身心和工作状态，还很容易导致这种压抑的状态传递给同事，影响整个团队的工作效率。

想要化解这样的问题，你首先需要明白职业倦怠产生的原因。不少人都认为，工作激情的消退是无法避免的，然而，如果职场人对于工作的期待可以超越物质，而上升到更高的层次，就不容易产生厌倦的情绪。实际上，那并不是因为工作本身有了多大的变化，而是个人的工作心态发生了变化。当一个人能够不断地从自己的工作中找到自己想要的东西时，当初对工作的激情就不容易消退。

其实，客观地说，在任何工作岗位上工作到一定时期，都很容易产生职业倦怠。即使在那些著名的大企业中工作也同样如此。因此，职场人需要做的不是逃避，而是找到解决的办法。

首先，树立坚忍的工作品质。一个人是否有足够的职业精神，在于其能否不断地重复做好同一件工作，这才是他专业精神的表现。实际上，同样是权威的调查显示，职业倦怠感在工作 5 年左右的受访者身上表现得最为明显，达到了49%以上；而工作20年以上的人，职业倦怠度反而下降到30%左右。这说明，职业倦怠和有氧运动的情况有所类似：在你觉得最难熬的时候，坚持挺下去，不去想其他问题，这不失为解决倦怠情况的好方法。

其次，要寻找自己最爱的工作岗位。当职场人找到了自己最喜欢，同时最符合自身性格、气质、能力和爱好的工作岗位之后，会最大限度地发挥工作热情，并做到在自身工作岗位上充分坚持，推延甚至避免出现工作倦怠；相反，即使将目标定在所谓的好工作岗位上，如果不符合自身特点，难以爱好，也就容易让人厌倦。因此，职场人必须要认真理性地"鉴定"好目前工作，从而确保尽量减少因为个人喜好问题产生的倦怠。

最后，学会进行职业上的创新。通过在自身看似频繁的工作岗位上进行充分创新，能够为你在工作中注入新的活力。学会不断发现细节中的创新点，就能够让职场人摆脱枯燥无力的感受。

职场倦怠的确令人讨厌，但并没有那么可怕，只要寻找好正确的方法，相信每个人都能轻松地越过这道"坎"。

中坚力量——走向中层岗位

当职场人在自己的工作经历中积累了充足的工作经验、表现出足够的能力之后，他们就有可能成为企业的中坚力量，走向企业的中层岗位。

所谓中层，其责任在于承上启下，一方面为上层管理者解决问题，另一方面也要为基层工作者进行指引导航。从另一个意义来看，中层职场人也容易出现尴尬情形，既要应对上级，也要应对下级，这样的状态决定了中层职场人必须具备多种角色的功能。

首先，中层职场人是具体的执行者。他们需要从上向下，对高层管理者的意图加以传达，并有效地分步骤地制订工作计划，传递给基层员工，然后带领他们活跃于执行阶段，真正创造工作中的价值和利润。因此，中层员工作为执行者，必须要学会担负好完成工作的责任。可以说，一个企业整体的执行力是否足够强，完全取决于中层干部自身表现出来的执行水准，以及他们是否能够真正全面地理解贯彻高层管理者的指令。

其次，中层干部还是组织者。他们需要对基层员工进行具体的组织，将不同类型、不同心态的员工通过具体的利益、抽象的命令加以连接，这就需要他具有充分的智慧，懂得如何将不同特点的员工加以组合，从而发挥所有人的能力。

除了执行者和组织者的角色之外，中层职场人还担任着其他多种角色。例如，他们既是训练员工的教练，又是判定员工之间高低、争议和竞争结果的裁判；他们同时还是整个团队的能力和道德示范，是整个团队利益的服务者，并可能在必要的情况下为整个企业担任救火员。

正因为中层职场人有这样的责任，从普通员工通过努力工作而成为中层职场人，是一个进化的过程，这其中，需要有以下的进步。

首先是心态进步。当职场人成为中层管理者后，也许工作的位置还在原来的环境中，但周围心态环境已经变了，那些原本看起来差不多的同事，现在已经成为了你的下属。面对这样的情况，过于按照之前的角色，或者过于扮演管理者，都无法让你获得同员工的联系。应该做的是让基层员工觉得你是过去的你，但还有所不同，既要讲究原则，也要讲究工作感情。

其次是能力进步。升职，代表一个人的工作能力得到了认可。然而，我们看到不少人在升职之后却碌碌无为，失去了原有的表现。这说明，他们没有在升职之后尽快提高自己的能力，失去了证明自己升职合理性的机会。因此，职场人在升职之后必须要懂得寻找机会证明自己的能力已经进步了。

总之，当职场人的能力获得认可并有了充分的提升空间之后，他不仅需要看到未来的顺境，更要看到自身的不足，并做出积极的更改，从而让自己更好地成为企业中层的骨干。

公司核心层——参与决策

企业的高层管理者，听起来离普通的职场员工有着相当大的距离，实际上，职场人经过普通员工的阶段的积累，自然应该形成更高的目标，他们完全可以凭借自己的工作能力提高而成为公司的核心层，参与到公司的决策中去。

这样的阶段，对于普通职场人来说，是一种超越，也是一种超脱。而是否有着应有的品质，则是衡量职场人有没有资格成为如此后起之秀的重要标准。

有位名叫徐梅的学员，正是因为表现出了这样的品质，才逐渐从普通的财会人员升职成为企业的财务总监。当她担任公司财会人员时，凡是企业所签订的合同，她都要仔细加以审查，并用来核对材料、资金的数字。某一次，在公司盘点整理仓库物品时，徐梅发现，由于仓库管理人员的疏漏，企业收到了和合同描述不相符的产品，造成的损失有数万元。徐梅知道，如果将这件事情报告给老板，会导致仓库管理人员受到规章的处罚，也会因此得罪同事。但是，她想到的是公司的利益，将公司看作自己的财富平台。因此，她最终上报了公司老板，并为企业挽回了损失。

实际上，核查仓库的材料规格、数量，原来并不属于徐梅的责任，但作为企业中层员工的她，却有着高层管理者的心态。因此，当这家企业的财务总监辞职之后，她顺利地成为整个公司的财务总监，并进入企业的决策核心层。

其实，这些年以来，笔者在职场和培训过程中认识了不少企业的高层管理者，他们中有许多都是像徐梅这样从平凡普通的工作岗位上得到不断提升。从他们的工作经历中，你会发现他们对自己有全面的认识，会意识到他们是真正有活力并能够投入到企业发展中的人。因此，当他们成为企业的核心层面管理者时往往显得并不奇怪。

在职场生涯中，体现出对自身的超越，获取向核心层面进步的动力，实际上来源于以下三个因素的整体结合。

首先，职场人要先学会着眼于大局。这是因为，那些原本工作能力较强的职场人往往无法得到“理所应当”的提拔，是因为他们太过于将注意力集中在自身的小范围工作责任中，而不去着眼于整个大局中体现出的公司发展业务。因此，他们就无法因为自身的眼光有效提高，而创造出能够使得自身职业生涯有所发展的下一个水平的良好机会。

其次，职场人要学会解决企业高层的问题。大多数基层员工或者中层领导，能够看到整个企业的问题或者发展的障碍，但另一些人不仅能够看到这些问题和困难，还能够立刻从思想到行动都制订计划、形成方案来对之加以克服与解决。这样的思想和行动从客观上决定了他们有资格去适应职场的高层职位，并担任其责任。

最后，职场人应该能够尝试挑战自己的极限。无论职场人是否都处在同样的职位或环境上，其中的一些人会有着类似于发自天性的很高的工作积极性，他们在完成工作目标时，不仅要实现目标，还要实现更好的目标。而这样的天性，让他们能够迅速超越现有环境成为企业的高管。

保持工作激情的六种方法

好奇心是点燃激情的火焰

维持工作激情，是职场人在工作中所需要积极重视的。这是因为，当职场人失去其面对工作的激情时，就会因此而丧失其工作的积极性，减少其工作中创意的动力，磨损其工作中应该保留的棱角。因此，设法让自己始终对工作保持充分的激情，是成就职场人工作的重要途径。

点燃工作激情，离不开对工作应有的好奇心。只有当职场人始终对工作保留着应有的未知感时，他才会关注如何破解工作困难的方法，才会了解如何去掌握工作过程的技巧，并积极围绕对这些未知问题的破解而改变自身的工作态度。

历史上，达·芬奇几乎是近代直到现代社会中工作者的典范，他不仅是伟大的画家，而且在雕塑、建筑、音乐、科学等各个方面都有着卓越的建树。和他同时代的人评价他说，无法理解为什么达·芬奇的脑袋能够装下那么多东西，而直到生命走向最后一刻时，达·芬奇说道："我这辈子一事无成，如果说有点成就，也是好奇心带来的。"这句话并不完全是谦虚，好奇心的确让达·芬奇具有了充分的创造力，带来了良好的工作习惯，并养成了他钻研、探索的工作精神。

职场中，好奇心能够增强职场人对于工作信息的敏感度，帮助职场人对新出现的工作情况、新发生的工作变化做出积极的反应，从而准确发现问题，寻找到问题的根源，并能够激发自己的思考力，引起探索的愿望，产生创新的活动，从而创造业绩。正因为如此，在微软对员工提出的十大工作准则中，第一条就是要求员工对公司的产品有充分的好奇心，并能够亲自使用，这样员工才能真正投入到工作中去。

为此，职场人首先要考虑克服自身的满足意识，学会将自己不断"清空"，让自己感觉到自身并没有真正掌握、认识和了解工作中的更多问题，然后再去重新看待工作。

其次，在工作中寻找能够让自己研究起来感觉快乐的东西，从而保持自身的努力工作愿望，并能够围绕这样的工作，和其他同事积极探讨交流，让自己在对好奇心的解决中获得应有的快乐。

当职场人利用上述方法做到真正的好奇心后，他们就能将原有的好奇心倾注到工作过程中，并形成持续燃烧的工作激情。

兴趣让你在职场走得更远

职场工作，是人们生活中的重要部分。而一个人想要在生活中追求快乐，必须要在职场中找到快乐。几乎每个职场人都要花费很多时间和精力在职场上，因此，职场人必须要学会培养和提升自己对于工作的兴趣，才能迅速降低自己在工作中引起的疲劳感，并给自身带来应有的升迁机会。退一步说，即使工作兴趣无法带来这样的收益，但起码能够在工作之余，让你更好地应对压力、放松情绪，获得生活中的喜悦，从而提高工作效率。

可以说，一个人如果能够学会带着兴趣工作，那么，他就能获得良好的工作热情，并充分发挥自身的工作特长；反之，如果一个人无法从工作中找到兴趣，就只能用冷淡的态度去应对工作，难以获得成功。

有这样一个靠工作兴趣将自己的职业生涯推向高峰的人：

这位职场角色名叫霍华德，在上高中期间，他找到了一份普通的兼职——在快餐店里洗碟子、刷柜台、盛冰激凌。

可以说，霍华德对这份工作没什么兴趣，但他为了勤工俭学又没有其他选择。于是，他开始寻找自己的兴趣，眼光落到了冰激凌的身上：怎样的冰激凌会更好吃？什么样的客人喜欢什么样的冰激凌？当然，这样的研究目的，是为了让他的工作能够更加有趣一些。

随着对冰激凌成分的了解和研究，霍华德逐渐对食品化学产生了越来越浓厚的兴趣，这种浓厚的兴趣，促使他不断在课外去研究化学知识，最终在大学专业中选择了食品技术。上大学期间，他还参加了一次关于食物健康营养知识的征文活动，凭借其深厚的技术知识和研究功底，他的文章顺理成章地获奖，还因此得到了丰厚的奖金。大学毕业后，霍华德依靠自己的研究和实习经历，加入了一家规模很大的食品企业，不久后，这家食品企业就对他的能力予以充分认可，为他专门提供了研究所中的实验室，并配备了两名助手。

回首当初，那些曾经和霍华德一起打工的学生，大多数并没有得到如此迅速的提升，更有人在抱怨自己并没有得到这样的好机遇。实际上，正是因为霍华德当初下定决心要让枯燥的工作变得更加有趣，才获得了今天这样的机会。

因此，职场人需要经常对自己加以提醒，将自身的工作情绪引入兴趣的渠道上。为此，职场人首先要寻找到自己的职业兴趣出发点，尽量寻找那些不仅可以养活自己，同时还可以满足自身兴趣的工作。反之，如果找不到这样的工作，那么你就应该学会挖掘自己的爱好领域，然后从其中的领域去开启自身事业。这就需要职场人制订一份详细的计划。在计划中，你首先应该将事业当作自身的使命，然后对其使命做出具体的描述，并想象这些使命在成功后会带来怎样的收获。其次，应该对自身爱好相关的方向做出积极调查，并成为相应领域的专家。最后，建立自身的发展方案，将兴趣和具体工作一一对应起来，并形成真正的工作想法。为此，你还应该寻找可以给你指导和帮助的人，从而落实你的兴趣。

总之，有了兴趣，你的工作就能和你的内在结合起来，因此，不妨积极围绕兴趣设立工作目标，将工作变成你生活中的享受。

知识——活到老，学到老

好员工的特点是什么？可以说是勤奋、忠诚或者是执行力强。但实际上，好员工最应该具备的基本品质就是掌握过硬的专业工作知识。

具备良好的专业基础知识，是做好任何职场工作的基础。目前，在职场上找一份工作并不难，但是想要有长远发展，就应该具备充分的专业知识。这是因为，企业之间的竞争、企业内部的竞争，归根结底都是不同专业人才的竞争。一个专业职场人必须要具备足够的专业知识、行业知识和工作经验，只有将这样的三方面知识加以充分融会贯通，才能够成为优秀的专业人才。

因此，职场人应该充分重视工作上专业知识的更新和补充。事实上，一个职场人即使原先在某个专业领域有着良好的知识，如果5年内不进行更新，就容易进入知识的淘汰期，从而在职场上落伍。这说明，在这种信息不断爆炸的社会中，停止职场中的学习，停止自我充电，就意味着在职场上停止进步。

曾经有位学员G，在参加我的课程之前，他是从一家知名高校的计算机专业毕业的，进入公司以后，因为他具有良好的专业知识、灵活的工作头脑、充分的工作热情，被提拔为这家公司的副经理。可以说，G的发展顺风顺水，让所有人羡慕不已。

但是，G在担任副经理之后，很快就失去了原有的那种勤奋。他觉得，自己的工作能力已经到顶了，不需要再进行提升，于是工作上也开始变得被动起来，只是考虑着怎样让自己升职。然而，这样的状态持续了不到一年，上司临时决定让G做一个新项目的技术支持团队领导，他却发现，已经有好几项专业方面的技术自己搞不懂了。结果，G临阵抱佛脚，到处查阅资料研究技术，还是推迟了项目的进程，即使已经完成的工作也被客户找出许多问题，带来了严重损失……

从G的失败案例中我们可以看出，专业知识是职场人开展工作所必须要掌握和具备的素质。这种素质能够让职场人更好地进入工作状态并解决问题。因此，保持专业知识，就应该努力地充实自身，让自己成为企业和团队中不可缺少的人。如果能让我们拥有的专业知识和最新的知识始终保持同步，我们就能获得他人所没有的优势，就能够在职场中寻找到自我安顿的资本。

当然，良好的专业知识，在人际交往中也能够起到相应的作用。拥有丰富的知识，能够帮助职场人更好地处理人际关系，并且帮助对方建立对我们的充分信任感，从而获得更好的交流基础。

不断地充实专业知识，还能够让我们真正对思路加以拓宽、对工作思维加以改变，而不断更新的专业知识，则能够让我们从更广泛的角度去理解工作，并提高解决问题的实际能力。

以下方法可以提供给职场人来做好工作领域专业知识的积累。

首先，要做到不断学习，积极掌握足够的业务知识。其实，从学校毕业之后，是在社会这个大学校学习的开始。而在进入自己的工作领域后，每个人的学习范围、学习目标应该更加明确，采取的学习方法应该更加灵活多变，这样，学到的知识对于自身工作的帮助会更加明显。

其次，要做到随时学习，保持自身在专业方面的知识不断与时俱进。职场人应该随时淘汰旧知识，掌握新知识，跟上时代变化的趋势和节奏。

最后，还应该积极拓展知识面，从而构建出知识网络。这就需要职场人不仅仅掌握现有的相关专业知识，还应该随着行业和企业的不断变化，进行不断地联系，从而获得更多的选择。

相信自己，相信自己的选择

成功学大师拿破仑·希尔曾经说过："凡是人们能够设想并且坚定不移的事情，都是可以实现的。"虽然这并非要求职场人表现出盲目自信，但却说明，一个人在职场上是否相信自己、相信自己的选择，对其是否能够成功有着重要的影响。

历史上，有这样一则职场故事：

在第二次世界大战结束后，日本经济限于停滞，工人们大量被解雇、失业。有一家食品公司，原来有上百名员工，此时为了渡过难关，决定大规模裁员。裁员对象针对清洁工、货车司机和仓库管理员。然而，当经理找到他们谈话的时候，他们各自表达了自己的想法。

清洁工提出，没有清洁工，企业的工作环境就不会清洁健康，工人们无法全身心工作；司机提出，如果没有他们，产品无法迅速被运送出去；仓管员提出，没有他们，食品很可能被饥饿的人偷光。

听完他们的意见，经理觉得很有道理，考虑之后，他决定企业不再解雇这些工人，而是重新制定发展政策。为了确立全体员工的信心，经理让人在企业的门口挂起牌匾，上面写道：“我很重要。”这句话调动了企业内工作者的积极性，一年后，这家企业迅速崛起。

职场人应该自信，只有自信才能调动自己的潜能。然而，自信应该建立在充分牢固的基础上，并正确认识到自身在企业中的地位，不断站在现有基础上提升自己的地位。想要做到这一点，职场人不仅要正确认识自己、了解自己，还应该充分相信自己的能力，相信自己的选择。

当然，想要做出正确的选择，职场人应该对自己提出下面三个问题：

首先，企业最需要的是什么样的人才？这就需要职场人能够了解企业处于怎样的发展阶段，对员工有怎样的需求重点。这样，职场人才能将自己的选择和企业的实际需要加以结合，并做出对企业发展的有利选择，体现出个人的自信。

其次，企业团队中员工最缺乏哪方面的素质？这就需要职场人能够正确分析企业员工的素质和企业实际需要的差距，并有选择地挑选那些差距之间的空白进行发展。

最后，自己的能力素质还有哪些方面有待提高？职场人应该看重自己能力素质的结构，看准自己的强弱项目，并在这样的基础上进行选择，从而自我提高。

总之，保持工作激情，不仅仅是口头上热爱自己的工作，更要学会在正确地评价自己和对自己充满信心之间，寻找到准确的平衡，而这种平衡正是通过正确选择来实现的——只有真正明确选择并相信自己选择的人，才能拥有准确有益的自信，从而获得工作业绩的提升。

明确目标，体现自身价值

职场上，明确的目标犹如一座灯塔，让我们获得了方向，给我们指明了方向。明确的目标，让职场人明确了自身的价值，获得了充足的动力，并因此找到自身的价值。

有位30多岁的学员Z，已经是上海一家大型国企集团的处长，他曾经和我感叹，说自己还是在上学的时候就希望能够成为一家大公司的中层管理者，现在已经可以算是成功了。谈到他的职场经历，Z表示，努力的道路充满艰辛，但是有着明确的目标，他才能找到自己的价值。

在上学期间，Z给自己定下的长远目标是能够在大公司做出一番名堂。到大学毕业时，Z发现不少同学都在准备考研，他原本也打算考研，但他想到从事自己的财会专业工作，学历并不是最重要的，最重要的是资历。因此，他最终放弃了考研，选择去报考注册会计师和税务师。在这样的明确目标指引下，他每天努力学习，获得了相应的资格证书，并获得了相当满意的工作。不久后，他利用自己的工作经验，跳槽到上海一家会计师事务所工作，后来又挂职在一家大型的国企集团。由于业绩突出，2003 年，他就被任命为这家企业的内控处处长。在这个过程中，Z 不仅有努力，也有放弃，他曾经为了自己的职业目标，放弃了年薪十几万元的项目经理职位，而选择了当时年薪不到十万元的岗位。对此，他曾经对不理解的人说：“那是我的目标。”他成功的原因就在于通过明确的目标，发掘了自己的价值，总结了自己的工作。

可见，成功的重要原因，就在于树立明确的目标，发现自己的价值。只有目标明确，工作的道路才能走得踏实长远。职场人想要成功，必须先找到积极明确的目标，才能获得光明前途。即使通向自己目标的道路困难重重，但是有了目标的引导，无论遇到再大的困难，最终都会走向成功。

明确的目标，是职场人成功的一半，这并不是空话。职场人士只有做到为自己的工作生涯去寻找一个目标、一个方向，才能让自己获得十足的信心，从而去拼搏和奋斗，发现自己的价值。当职场人将所有的工作能量聚焦到自己价值的挖掘上时，距离成功将不会远。因此，职场人不妨迅速给自己定下一个合适而明确的目标，用自身的辛勤汗水去实现自己的价值，从而一步步走向事业上的成功。

及时给予自己奖励

当职场人达成目标时，需要的是给自己一个奖励。这是因为，给自身的工作制订一个有效目标，需要经过长时间的规划，需要付出很多的精力和努力，然而，如果你能围绕原有的目标，制订出全面的计划，进而严格对自己进行约束的时候，你将会因此而得到更多意想不到的工作进步。而当你通过目标规划获得这样的进步后，你就会期待应有的成功，并能够得到给自我提供的奖励。这样的奖励，显然会成为你进步过程中的一种鼓舞力量。

然而，工作中，那些并不成功的职场人常常解释说，自己之所以鼓不起来工作上的干劲，是因为他人并不重视自己做出的努力，从来没想到对他给予奖励。然而，要想让自己成为职场上的成功者，你首先要学会自己奖励自己。职场人要首先要学会在情感上为自己将事情做好而感到高兴，并进而给自己鼓励；要学会将自己的工作做好，为自己的成绩感动并兴奋。

美国《福布斯》杂志的总编辑马尔科姆·福布斯，他就是能够积极奖励自己的成功职场人，他能够为自己的工作感到由衷的快乐和满足，当然，也由于自己职场上的成功而获得物质上的奖励。福布斯为自己在诺曼底买了一处别墅，在伦敦附近买了一处建于17世纪的豪华宅邸，在摩洛哥买了一处贵族房产，在斐济买了一个岛屿，在美国买了一块17万英亩的土地……当然，福布斯除了自己在职场上的工作，还有很多兴趣爱好，他有16个荣誉学位，还是国际驰名的热气球驾驶员，曾经成为第一个驾驶热气球横穿美国的人。对此，福布斯解释说："我在取得成功的时候，还有无法衡量、没有限度的报偿，但这不仅仅是金钱的报偿，还有着自我奖励的满足感。"

因此，在职场中，不论是获得加薪、升职的成功，还是获得其他的成功，职场人都要记得奖励自己。这是为了给自己增加工作动力，能够做到在今后更加努力、更加充实。因此，工作中的职场人，千万不应该忘记在生活中，要多给自己设定好各种目标达成以后的必要奖励。

为此，你首先应该给自己制订必要的目标，但目标不应该过于艰难，只要能够比之前有了明显的进步，就应该认识到这是一种不错的成绩，值得奖励。其次，不妨多准备一些奖励的种类，并不一定是物质上的，也可以是放松的饭局、沉溺其中的电影或者是健身房的锻炼、一件不错的衣服等，甚至只是对一段休闲时间的无所事事的浪费。如果你获得了这样在工作之外的生活中的奖励，得到了身心上的休息，那么，在工作中的情绪也会受到积极的影响。当然，这样的奖励还可以帮助你获得更好的人际关系，例如，让自己和有共同兴趣爱好的同事联系在一起，形成较为紧密的小圈子，这样不仅得到了奖励，还获得了人际关系上的拓展。

总之，奖励是必要的，奖励的形式可以多种多样，注重奖励自己，提高自己对工作的享受感觉，这样职场人会得到更加优秀的工作环境。

积极应对各种压力的七个要点

锻炼身体，为心理减压

针对职场人的工作压力较大、生活作息时间不规律等特点，曾经有机构展开了相应的调查，调查显示，平时经常对身体加以锻炼的职场人不到10%，而将近83%的职场人虽然意识到自己应该注重身体，却总是感到缺乏锻炼的时间。

其实，从表面上来看，大部分职场人的身体健康状况尚且不错。但近年来，职场中由于工作压力大，导致心理疾病以及身体严重透支乃至猝死的事情越来越多。一些职场人，尤其是年轻职场人，总觉得自己年轻，身体不会有问题，但实际上正因为心理压力大而积累了相当多的隐患，一旦爆发便无法收拾。因此，职场人对于自己的身体应该加以充分的保护和注意。

事实上，积极锻炼身体不仅是为了保护身体，还是为了释放心理压力。这是因为身体上的疲劳，不仅会损害自身的健康，还会影响心理的平衡。这样，工作上的压力会给职场人带来相当大的焦虑和忧郁的情绪，反过来又会体现在职场人自身的身体健康上。因此，心理健康释放对于职场人相当重要，而日常生活中身体健康的保证更是相当必要的。

职场人每天忙碌于工作，日常的工作生活习惯并不规律，很容易导致亚健康情况的出现。因此，职场人如果想要积极释放心理压力，让身体更健康，就必须懂得如何锻炼身体，从而延长自身的职场生命，提高自己的生活质量。想要告别职场上的亚健康，如何锻炼身体才能更加有效？以下是四种锻炼的方式，只要能够持续坚持，就可以做到对心理和健康上的双重促进。

第一种锻炼方式：瑜伽或者太极

这种锻炼方式可以很好地减轻自身的职场压力，在身体上能够让职场人变得身材挺拔、容光焕发；而在心理上则能够做到减缓心理上的焦虑，重新焕发工作精神。具体频率上可以每周四次，每次30分钟左右。

第二种锻炼方式：高强度间歇锻炼

这种锻炼方式可以采取短期多次的频率，每2～3分钟可以加强锻炼，持续1分钟以后，再加以休息，并循环进行。这种锻炼方式能够加强大脑的含氧量，保持充沛的脑补活力，并增强自己的记忆力。

第三种锻炼方法：有氧锻炼

采取慢跑、骑车、散步或者游泳等，都能够对血管、心脏和身体循环系统有好处，同时提高身体内的含氧量，释放情绪上的压力，提高工作中的注意力。

第四种锻炼方法：力量锻炼

包括哑铃、拉力器或者俯卧撑等，每周两次，每次 20 分钟左右，对身体的骨骼肌肉机能的维系能够做到非常有益的保障。

接受压力的现实

在职场和生活中，每个人都有许多事情需要面对。而每处理一件事情，都必然产生相应的压力。而每次压力，都会产生相应的机会。有的人在这种压力面前，能够成就自己的事业，而有的人则只能一事无成。之所以有这样的差别，是因为每个人对于压力的对待方式、看法和理解不同。

必须承认，只有那些能够承受压力并且战胜了压力的人，才能获得良好迅速的成长，这是因为，如果可以用决心和恒心去面对压力，本身就是一种了不起的成功。在工作中，有的人需要压力，因为有压力才有动力，意味着可以靠自己的努力工作战胜压力。而有的人害怕压力，总希望能够没有任何负担地工作和生活。这样的两种态度，决定了两种不同的职场人生。

其实，压力并不完全是可怕的，科学家早已证实，一个人必须要获得适量的压力，才能生存和发展，如果压力刺激不足，人就难以适应。中等程度的压力，有利于个人的心理平衡，因此在这样的压力下，人的职场工作质量最高、生活质量也最高。因此，所谓成功者，都是因为能够正确认识压力，并使得自己接受这些有益的压力，将其转化成为生活中、工作中的动力，最终成就自己的事业。而想要不被职场工作压制得痛苦不堪，而想要保持着充分的从容、悠闲，那么，职场人就要懂得接受压力所带来的挑战，并正确认识压力产生的困扰，学会自我缓解工作中的压力。

下面是缓解压力所应该遵循的四种方法：

首先，要学会适当地转移并释放自身的压力。面对来自工作中不同方向的压力，将之积极转移，不失为一种行之有效的办法。职场人面对压力时，可以学会将压力放在一边，对之暂时置之不理，并将注意力转移到自身能够感兴趣的地方。这样，就能无惧压力，重获坚强。

其次，要减轻自己内心的负担，学会积极地取舍。让自己能够轻松地面对工作，善待职场中的自己，必要情况下，可以通过向好友亲人倾诉来适当释放和发泄情绪，从而不被工作所压垮。

再次，你应该学会用积极心态来接受压力。最明智的方法是用积极心态来面对压力，在放松心情之后，重新面对自身的压力，让工作变得更有动力。

最后，你还需要学会感激压力。在享受职场成功的同时，也要学会感激那些成功背后所不可避免的压力。

总之，职场工作多姿多彩，不会有永远风平浪静、一成不变的过程。职场人不仅应该期盼一帆风顺，更要学会接受压力带来的挑战和磨炼的现实。

解决问题，而不是抱怨

曾经有位专业的职场导师如此说过：职场人绝不应该将自己的问题推给他人或因此埋怨，他们应该了解，出现问题，首先应该寻找自己的原因。

然而，抱怨他人似乎是职场人的天性，这种天性表现在一旦出现工作上的问题后，我们往往会将问题的原因推到上司、同事、员工、合作商或者客户的身上，很少将注意力集中在由自己来解决问题的方面。

不妨看看这样一个职场故事：

有位工程师L，在外企工作，他发现，自己部门的助手经常将他授意发送的邮件写错，几乎每一篇邮件都要写错几个单词。但是，L并没有因此而严厉地对他加以指责，而是当又一次发现他写错的时候，就和善地告诉他说："你的这个单词似乎写得不对，你看，就在这里，我也经常容易拼错，幸亏我经常用××网站查询。你看，就用这样的网站，现在我对拼写就很注意了，毕竟在外企，你知道的……"显然，L并没有当面指责秘书的错误，他的语言虽然婉转，却有着不容置疑的力量，指出了秘书应该进行改正。后来，虽然L没有再提起这件事情，甚至不知道助手有没有去上过那个网站，但有一点很明显——从那次以后，助手已经很少再写错单词了。

的确如此，无论是在个人工作还是在团队工作出现问题时，职场人要尽可能将注意力集中在问题的本身，从问题产生的原因去思考，从他人的角度去看待，并寻找合适的方法来改正错误，即使这些错误并非职场人自己导致，也应该努力保持客观公正的态度，给他人以充分的自尊感，并积极帮助解决问题。这样，对方才会因为你对其帮助而保持良好的关系，而并非因为你的抱怨所导致其遭受不公平的感觉。

为此，职场人应该努力做到以下几点：

首先，不去过分责怪那些导致问题的同事。这是因为，在问题出现的一开始，那些真正成熟而有远见的职场人，会将解决问题看作最紧急的事情，而不会将批评、责怪相关人当作最重要的事情，否则，这种指责所造成的矛盾和裂痕会远远超过问题本身带来的伤害。这是因为责怪他人会让整个团队士气有所降低，导致团队的分裂。

其次，解决问题应该致力于寻找方法。这就需要职场人反思问题中和自己有关的部分，或者对问题产生的原因进行仔细分析，寻找造成问题背景中的关键性因素，这样，才能获得圆满的思路去消弭问题，同时通过解决问题来整合自身和团队之间的关系。

最后，在解决问题的过程中，职场人还应该积极积累经验，防止在相似的情况下出现同样的问题而不明白怎样解决。

总之，积极解决问题，而并非一出现问题就想要寻找责怪的对象，这才是一个真正成熟客观的职场人应该在工作中保持的良好习惯。

倾诉，让别人帮助自己

职场工作中，你需要和周围的同事进行积极的沟通，而不应该尝试用自己的力量将压力全部承担下来，这一点，并不被大多数职场人所了解。他们经常觉得，既然工作是自己岗位的事情，那么，无论出于自尊还是自我要求，都不应该寻求他人的帮助。

其实，这样的职场人往往都对自己过分自信，总是幻想靠自己的工作能力就能够战胜一切困难。然而，事情往往并不像他们想象的那样，他们总是要比其他人面对更多压力来承受更多的工作负担，也更容易让自己的工作能力陷入瓶颈，导致职业倦怠。

我曾经认识两位企业家，他们经常参加垂钓俱乐部的活动。其中，企业家A大都只是一个人埋首钓鱼，享受独钓的乐趣。而另一位企业家B则显得热情而喜欢交朋友，每当他看见那些新来的朋友不太会钓鱼时，就会主动介绍说："这样吧，我来教你们钓鱼的技巧。不过，如果你们学会了我的方法，那么一定要介绍我认识一位本地的企业家或者高层人士，怎么样？"当然，对方总是欣然同意，于是B便热心地几乎将自己所有的时间都用在指导垂钓者的过程中，对方也很领情，不仅将钓上来的鱼主动馈赠，还会如约介绍业务上的合伙人或者在政府、社会方面的高层给B认识，这些朋友之间相处甚欢，气氛融洽。企业家A虽然也有着较高的钓鱼能力，却没有享受到这种来自他人的帮助的乐趣，他在俱乐部里玩了两个月，收获却没有同伴B那么多。

其实，我们在和他人一起工作的同时，必然等于在享受他们的帮助。很多职场人并不明白这个道理，他们会提出，明明是我去求他们帮助我，他们得付出努力，我该怎样回报他们呢？其实，当你在请求他人的帮助时，如果采用了正确的方法，无形中就拉近了和他人之间的关系，收获了感情上的投资。同事会因为对你的帮助而愿意在碰到困难的时候寻求你的帮助，而你和他们之间的关系也会更加友善、更加和谐，这样，你和对方都能在互相帮助的过程中分享快乐。

友善地向他人倾诉，友善地获得帮助，其实就等于帮助了自己，也创造了未来你帮助他人的机会。一个成功的职场人需要乐于去帮助他人，也应该善于主动寻求他人的帮助，这两者之间相互联系、难以分割。

那么，怎样才能向他人积极倾诉而求得帮助呢?

首先，抓住问题的关键来向他人寻求帮助。一些职场人之所以无法获得他人的帮助，是因为他们不懂得寻找问题的关键，因此总是感觉手头的事情庞杂混乱，无法整理清楚向他人寻求帮助。对于这种情况不妨加以仔细整理、充分分析以便将最关键的问题部分展现出来和其他同事共同研究。

其次，应该学会寻找那些最关键的人来求助。这意味着职场人应该在企业或者团队中了解自己的同事，并能够积极分析他们的特长、能力、经验，从而明确在不同情况下向不同的人寻求帮助。

最后，要学会和他人分享成功。当你因为在他人的帮助下而获得成功后，不能将自己能力和贡献放在首位，而要学会必要的“推功”，即彰显他人的能力，显示他人的重要性，这样才能让他人在今后的问题中更加愿意出手相助。

相信“成事在天，谋事在人”

职场中，不少人往往过多地看重成败，却忽略了影响成败的具体因素，因此，决策和行动的过程中，其困难度有时候似乎超越了想象。其实，工作中的很多因素，不可能完全加以掌握，即使你自认为思考细致、安排到位，但也总有可能被忽略的某一环，总会有一些意外出现。“谋事在人，成事在天”，这才是对待职场工作的正确看法。

在职场中，人们往往缺少必要的气魄和决策，却自认为自己正在离目标越来越近。其实，你往往没有看清最本质的问题，而只能抓住工作的细枝末节，结果自然也难以预料。只有真正抓住工作的核心问题，才能做到对症下药，帮助自己和团队乃至整个企业都取得成功。职场人必须要有充分的“谋事”能力，才能做到这样的成就，而“谋事”能力并非天生，而是在实际工作的环境中培养出来的。

在职场中，甚至在进入职场之前，我们每个人都是实际决策者。日常生活的不同方面都需要决策，都需要谋划，而职场人也需要用更好的决策设计出更好的结果。显然，这需要他们付出更多的思考。

更进一步说，职场人的管理级别越高，那么，他做出的决策影响就越大，而出现失误带来的损失也就越多。

一句著名的话概括了企业中管理的本质——“管理就是决策”。这说明，在职场复杂多变的工作环境中，职场人必须要学会在信息并不充分、情况并不明晰的状态下，及时做出决策，影响个人和企业的整体发展。因此，在这样的情况下，个人和集体的谋划能力和行为方式，对他们所做出的决策起到了重要影响。

当然，在职场中，执行的过程显然是重要的，但是谋划产生的决策更加重要。如果没有正确的谋划，就不会有正确的决策，而没有正确的决策，就没有相应的执行。因此，可以说每个职场人都是自我管理者，都是谋划者和决策者，他们在工作、生活的不同方面，都需要做出及时的谋划。因此，无论是已经发展到企业高层的职场人，还是企业最基础的职场人，进行全面谋划、科学决策，既是他们综合知识、能力的体现，也是他们个人的主要工作。而谋划水平的高低，可以从这样的数字中看出来：据美国一家大型公司统计，世界上凡是最终破产倒闭的企业中，有将近85%都是因为企业中不同层面工作者的谋划方法失误造成的。

即使“成事在天”决定了成功与否存在着显然的偶然性，然而，职场人还是要像上面所说的那样积极谋事，获取成功。而关于“谋事在人”，职场人应该做到有如下的思考：

首先，在谋划做事时，要充分考虑工作后果。在现代职场环境下，企业或者组织内部任何一个人对工作的谋划和决策，都可能带来一连串的影响与后果。因此，职场人必须要认识到，自己的谋划会对整个组织或其他成员带来怎样的影响，并能够事先描绘和想象这样的影响，同时予以积极评估。

其次，大多数情况下，处于职场中的人都会受到相关关联的影响。例如，上下级之间、同事之间、合作方之间，他们所做出的谋划也会影响到你事情的成功与否。因此，在你策划工作时，应考虑到这些方面的作用和利益，才能真正地做到“成事”。

调整目标和期望

有位职场新人小西，在跟我学习时曾经这样描述他的工作状态："原本我打算满怀激情地工作，但是从入职后到现在，我总是觉得自己和企业之间难以磨合，不仅在这里工作感觉不到什么挑战性，而且，办公室关系也很难相处好。"

的确，在不少职场人投入工作后，会很快出现对工作的不适应，他们会觉得目标难以企及，对工作也失去激情。而在小西看来，他学的是文秘专业，从毕业进入公司以后担任的就是行政助理工作，原先，他最希望担任这样的工作，但现在他发现，自己从事的工作都谈不上真正的行政，相反都是些杂七杂八的小事情。再加上自己陆续发现，公司里人际关系复杂、建议经常被否定、自信心受到打击、公司发展有限等情况。

听完他的抱怨，我告诉小西，或许他所在的企业的确存在问题，但是，他自己需要调整的东西更多。

在职场中，不少人都有这样的经历：在找工作的时候，都对工作抱有充分的期待，对今后的职场道路充满希望。但是很快发现，工作实际和自己的目标与期待相差甚远。在这种情况下，那些敢于积极调整目标和期望值的人，往往更容易获得内心平静，更容易集中注意力来工作，并进一步改变现状。

为此，职场人可以在谋求工作上的发展之前，就积极致力于让自己的职场目标和期望更加符合现实需要，更加符合自己发展的需要。

首先，做到熟悉自己目前的工作环境。在进入一家企业之前，职场人对其具体环境的了解终究是肤浅的，而只有在进入企业之后，通过对自身工作岗位的熟悉，并进而充分了解企业的运作情况和积极熟悉不同的业务，才能做到深入的观察和了解。这种对具体工作环境的了解，有助于职场人确立可以实现的目标，形成正确的期待。

其次，必须将自己的职场目标变得更加具体化、现实化。不少职场人将职场目标定得太过高远，结果只能眼睁睁看着自己离目标越来越远。真正理智的方法应该是将远大目标分割成为一个个小目标，形成可以实现的期待，这样才能做到一步步稳扎稳打，实现最终目标。

最后，职场人还要学会将自己的目标和期望与企业对你的期望加以充分结合。这是因为任何一名在企业中工作的人，都是企业的组成单元，他们的目标和期望将形成对企业目标的有力支持。因此，职场人应该懂得在企业整体目标和期望的统一下，形成自己的工作目标和期望，这样才能让自己更好地融入环境。

总之，目标和期望，是影响职场人是否能够获取成功的重要支柱因素，无论是新进入职场的初出茅庐者，还是已经在职场中获得一定成就的老手，都需要客观认识到这一点，并不断地自我调整，走向客观和成功。

通过沟通找到合适的压力范围

职场中，减压的方法相当重要，通过合理而科学地减压，能够获得良好的工作效率。同时，职场人还应该重视沟通在对压力缓解上的重要意义。

职场人可以从三种不同的视角来观察沟通，这三种视角分别是：

个体沟通、群体沟通、组织沟通。

视角一：个体沟通

通过个体沟通，职场人可以帮助自己很好地了解和体会正在感受或者已经尽力的压力，能够正确地认识和分析压力所产生的原因，从而有步骤地获得积极的措施来消除消极的影响。这种沟通强调获得自己内心和周围环境的平衡，并用平和的方式来应对工作变故、战胜工作压力。

例如，采取积极的自我暗示、全面的自我认知，能够让你了解自己工作的特点，看清楚自身在工作中的作用；采取准确的自我调适和自我激励，则可以不断提高自己的工作适应能力；而通过自我超越的行为努力，则能够形成良好的习惯来促进自己对目标的追求以便形成超越。

视角二：群体沟通

这是因为，如果个体和群体之间的沟通不畅通，很容易导致个体产生很大的心理压力，从而带来群体内部工作压力的增加。因此，借助有效的沟通方式，通过多种途径如开放、不开放、正式、非正式等多种渠道来加强沟通，让组织内不同层次的人员和个体职场人之间进行充分的交流，才可能增进理解并消除误会，从而用坦诚的态度营造和谐的氛围。

这就需要职场人在以下三个方面的努力：

首先，是观察行为。要观察好其他同事的行为和压力联系，并根据其表现出来的现象加以应对。例如，那些平时就比较缺乏工作耐心的同事，在遭遇工作中比较烦琐的压力时很容易情绪不稳乃至动怒，为此，我们就需要善于发现类似现象并积极处理。

其次，是探究原因。即分析他人所感受的压力来自何处，你是否有方法帮助化解。例如，是否来自公司结构，或者来自员工之间角色分工等。这是因为融洽的人际关系、轻松愉快的工作气氛，首先来自良好的合作，而帮助对方减少压力，能够很好地加强合作。

最后，还需要积极的面对面沟通。例如，当你意识到某个同事压力过大时，就可以经过分析来了解其中原因，然后通过面对面的沟通，帮助他们寻找对压力的减轻和控制方法。

视角三：组织沟通

除了上述个体、群体的沟通之外，还需要看到的是，利用好身处的企业组织，也能够做到消除和控制压力所产生的负面影响。职场人应该通过良好的组织沟通方法来改善环境，从而帮助自身和同事用积极的态度来控制压力，提升绩效。例如，改善组织的内部环节、调节组织结构等，能够降低企业内部的压力，进行工作程序的再次设计等，这样，就能有效地减少因为组织内部角色冲突等问题所导致的压力。

其实，工作压力并非不能接受，但如何将压力控制在一定范围内，这需要职场人多运用不同的沟通方法，从而将压力的负面影响予以消除，并推进从个人到整体的成长。

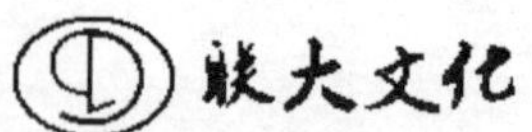

联合出品

NO.001

《品牌蜕变：从区域名牌到全国品牌的九大策略》

作者：吴之

定价：32.00 元

NO.002

《做最赚钱的餐饮：餐饮利润倍增魔法》

作者：廖靖雄

定价：32.00 元

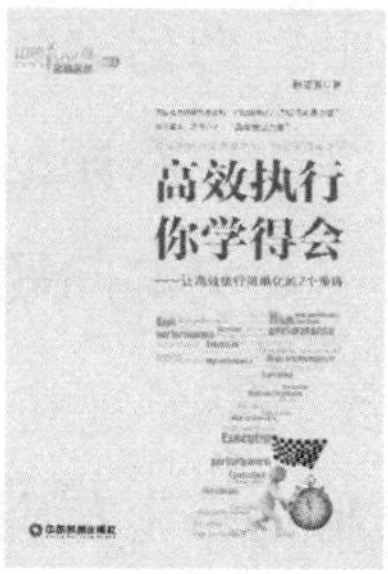

NO.003

《高效执行你学得会：让高效执行简单化的 7 个策略》

作者：张友源

定价：32.00 元

NO.004

《领导力决定一切》

作者：蔡鲲鹏

定价：35.00 元

NO.005

《总裁密码：三维法则与九段总裁智慧操盘实战策略》

作者：吴群学

定价：39.80 元

NO.006

《8 步打造金牌销售团队》

作者：匡晔

定价：35.00 元

中国财富出版社
CHINA FORTUNE PRESS

联大文化

联合出品

NO.007

《经营员工》

作者：禹志

定价：29.80 元

NO.008

《魔鬼生意经：做生意必修的8堂财富课》

作者：高乃龙

定价：32.00 元

NO.009

《感动营销》

作者：张谦

定价：32.00 元

NO.010

《结果当道：打造实战结果团队的十堂课》

作者：陈卫州

定价：32.00 元

NO.011

《快速连锁加盟密码》

作者：陈星全

定价：35.00 元

NO.014

《尊“柜”服务：打造优秀社区银行》

作者：刘星

定价：35.00 元

NO.015

《穷思想 难为富人》

作者：蔡怀东

定价：32.00 元

NO.016

《礼学兴商利万年》

作者：孙剑虹

定价：38.00 元

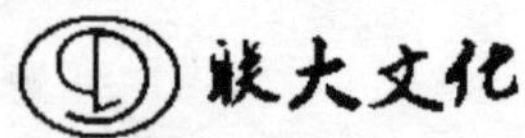

联合出品

NO.017

《易经与领导智慧》

作者：倪可

定价：32.00 元

NO.018

《九型人格与选人用人：企业因才施用的秘密》

作者：石淼

定价：42.00 元

NO.020

《NLP 教练技术：提升领导艺术，促进团队和谐》

作者：田建华

定价：35.00 元

NO.023

《职场情商 9 堂课》

作者：姚先桥

定价：32.00 元

NO.024

《时间管理改变命运：从加薪不加班到有钱有闲》

作者：卢绪文

定价：32.00 元

NO.029

《企业正能量》

作者：邓艳

定价：29.80 元

NO.031

《领军式营销》

作者：周圣凯

定价：32.00 元

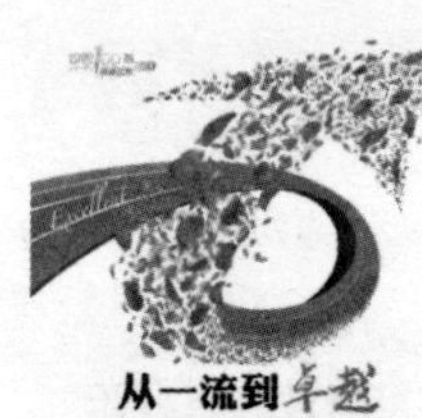

NO.041

《从一流到卓越：道德成就事业，素质决定未来》

作者：苏自立

定价：35.00 元